노벨상의 빛과 그늘

디아스포라(DIASPORA)는 독자 여러분의 책에 관한 아이디어와 원고 투고를 기다리고 있습니다. 디아스포라는 전파과학사의 임프린트로 종교(기독교), 경제·경영서, 일반 문학 등 다양한 장르의 국내 저자와 해외 번역서를 준비하고 있습니다. 출간을 고민하고 계신 분들은 이메일 chonpa2@hanmail.net로 간단한 개요와 취지, 연락처 등을 적어 보내주세요.

노벨상의 빛과 그늘

초판1쇄 발행 1989년 5월 15일
개정1쇄 발행 2025년 2월 4일

엮 은 이 「과학 아사히」
옮 긴 이 손영수
발 행 인 손동민
디 자 인 김미영

펴낸 곳 전파과학사
출판등록 1956. 7. 23. 제 10-89호
주 소 서울시 서대문구 증가로18, 204호
전 화 02-333-8877(8855)
팩 스 02-334-8092
이 메 일 chonpa2@hanmail.net
공식 블로그 http://blog.naver.com/siencia

ISBN 978-89-7044-692-9 (03400)

노벨상의 빛과 그늘

차례

1. 실험실과 개를 제공하고 차지한 상

J. J. R. 매클라우드

캐나다의 토론토대학 의학부 교수 매클라우드(J. J. R. Macleod)는 1923년도 노벨 의학 · 생리학상을 수상했다. 그의 연구실에 객원으로 있던 밴팅(Sir F. G. Banting)과 더불어 인슐린을 발견한 업적으로 수상했다. 밴팅은 노벨상을 받자, "이건 동료인 베스트(C.H. Best)와 함께 이룩한 발견"이라 하여 상금을 그와 나누어 가졌다. 그러자 매클라우드도 "난들 그럴 수야 없지" 하고 인슐린의 정제에 기여한 조수 콜립(J. Collip)에게 상금의 절반을 나누어 주었다.

그런데 얼마 후, 매클라우드가 노벨상 수상의 '행운'을 잡은 것은 밴팅에게 10마리의 개를 제공했기 때문이라는 소문이 퍼졌다. 그 경위는 아래와 같다.

J. J. R. 매클라우드

Sir F. G. 밴팅

밴팅은 1891년, 캐나다의 온타리오 호수 근처의 농가에서 태어났다. 토론토대학 의학부에서 수학한 뒤, 제1차 세계대전에 종군하여 정형외과 의사가 되었다가, 온타리오 주의 작은 읍 런던에서 병원을 개업했다. 그러나 환자가 찾아오질 않았다. 그는 하릴없는 시간을 주체하지 못하여 웨스턴 온타리오대학 의학부의 생리학 담당 시간 강사가 되어 나날이 도서관을 다니면서 강의 준비에 열중하고 있었다.

1920년 10월 30일의 일이었다. 밴팅은 당뇨병에 관한 강의를 준비하고 있던 중, 도착한 지 얼마 안 된 『외과 · 산부인과학』이라는 잡지의 11월호를 펼쳐 보고 있었다. 거기에는 미국의 바론(M. Baron)이 쓴 '랑게르한스섬과 당뇨병의 관계'라는 논문이 실려 있었다. 그것을 읽으면서 밴팅은 저도 모르게 극도의 흥분으로 떨리는 몸을 가눌 수가 없었다.

당뇨병은 어김없이 죽음에 이르는 비참한 병으로, 세계적으로 수백만이나 되는 사람이 고통을 받고 있었다. 췌장이 이 병과 관계가 있다는 것은 이미 1889년에 민코프스키(O. Minkowski)와 메링(F. Mehring)에 의해서 밝혀져 있었다. 개는 췌장을 제거하면 당뇨병에 걸린다. 그러나 췌장의 외분비관을 잡아맨 뒤 십이지장을 잘라내었을 땐 당뇨병에 걸리지 않는다. 췌장으로부터 분비되는 소화효소와는 다른 '무엇'이 당뇨병을 저지하는 것이 틀림없었다.

바론의 논문은 민코프스키와 메링의 연구를 발전시킨 것으로써, 췌장의 랑게르한스섬이라고 불리는 세포의 집합이 당뇨병을 방지하는 인자-호르몬을 분비하고 있다는 것을 시사하고 있었다.

흥분으로 잠을 이루지 못한 밴팅은 한밤중인 오전 2시에 다음과 같은 글을 노트에 적었다. "개의 췌관을 잡아매어, 소화효소 분비세포가 기능을 못 하게 될 때까지 6~8주간을 기다렸다가, 그것으로부터 남겨진 췌장을 추출하는 것이다!" 밴팅은 토론토대학 생리학 교실에 있는 당(糖)대사(생물체가 몸 밖으로부터 섭취한 영양물질을 몸 안에서 분해하고, 합성하여 생체 성분이나 생명 활동에 쓰는 물질이나 에너지를 생성하고 필요하지 않은 물질을 몸 밖으로 내보내는 작용)의 권위자인 매클라우드 교수 아래서 이 실험을 해 보았으면 하고 생각했다.

그러나 1920년 11월, 교실로 찾아간 밴팅을 대하는 매클라우드의 태도는 매우 냉담했다. '췌장으로부터 당대사에 관계되는 호르몬을 추출하는 시도는 아직껏 성공하지 못했다'고, 매클라우드는 그해에 출판된 자신의 저서 『현대의학에서의 생리생화학』에다 막 썼던 참이었다. 훌륭한 연구자도 할 수 없는 일을 이런 시골뜨기 의사가 하겠다니 말이나 되겠는가! "지금 살고 있는 시골 런던에서나 하시는 게 어떨까요" 하는 것이 매클라우드의 쌀쌀한 대답이었다.

그래도 밴팅은 꺾이지 않았다. 12월 말에도 거듭 거절을 당했으나,

세 번째 부탁 때 간신히 허가를 받아냈다. 그것에는 조건이 있었다. 매클라우드는 1921년 5월부터 맞이하는 휴가를 즐기기 위하여 고향인 스코틀랜드의 애버딘으로 가 있을 예정이었다. 그래서 그 동안의 8주간만 연구실을 이용해야 하며, 10마리의 개를 사용해도 좋다는 것이었다.

밴팅은 생화학 기술에는 생소했기 때문에, 매클라우드의 학생이 거들어 주었으면 하고 요청했다. 그래서 불려온 두 학생 중 제비로 뽑힌 한 사람이 우선 먼저 협력하게 되었다. 22살의 베스트는 이리하여 30살의 밴팅과 처음으로 만났다. 그들은 곧 의기투합했고 그들의 우정은 평생을 두고 이어졌다. 밴팅은 시골 런던의 집을 처리하여 '판크레아스'(pancreas:췌장)라고 명명한 포드의 중고차를 몰고 토론토로 왔다.

1921년 5월 17일, 밴팅과 베스트는 개를 이용한 수술에 착수하여 췌관을 잡아맸다. 4층에 있는 개집은 베스트가 돌보았고, 오줌을 모아서는 2층 연구실에서 당을 정량(양을 헤아려 정함)했다. 그러나 6월 말이 되어도 췌장의 변성은 일어나지 않았다. 잡아매는 방법이 불완전했기 때문이었다. 약속한 8주가 후딱 지나갔지만 만족할 만한 결과는 얻어지지 않았다. 다행히 여름방학으로 대학이 한적했기 때문에 그들은 그대로 실험을 계속하기로 했다. 실험을 위한 개는 토론토의 시중에서 수집해 왔다. 1921년 7월 27일은 밴팅과 베스트에게는 기념할 만한 날이 되었다. 위축된 췌장으로부터 혈당을 내리는 유효물질 추출에 처음으로 성공했던 것이다. 두 사람은 췌장을 추출하여 곧 냉각시킨 다음 약연(약재를 갈아 가루로 만드는 기구)으로 잘게 으깨어, 링거액으로 추출한

액을 췌장을 제거한 당뇨병에 걸린 개에 주사했다. 그러자 개의 혈당이 내려갔다. 그리고 축 늘어졌던 개가 꼬리를 흔들며 힘차게 돌아다니기 시작했다. 다만 유감스럽게도 이 개는 91마리의 개의 췌장에서 추출한 물질을 주사했는 데도 20일 만에 죽고 말았다.

그래서 밴팅과 베스트는 수술을 하지 않는 방법으로 췌장으로부터 이 호르몬을 추출하려고 시도했다. 그들은 혈당을 내리는 호르몬을 '랑게르한스섬(islet)으로부터 방출되는 단백질'이라는 의미에서 '아이레스틴'이라고 명명했다.

송치(암소 배 속에 든 새끼)에서는, 췌장의 랑게르한스섬이 소화효소 분비선보다 먼저 발생한다는 것이 알려져 있었다. 송치의 췌장으로부터 추출물을 추출한 두 사람은 활성이 높은 아이레스틴을 얻을 수 있었다. 그 결과 송치의 아이레스틴 때문에 당뇨병에 걸린 개가 70일 동안이나 생존할 수 있게 되었다.

휴가에서 돌아온 매클라우드는 이 사실을 처음에는 통 믿으려 하지 않았으나, 당뇨에 걸린 개가 계속 생존하는 걸 실제로 보고서는 마침내 밴팅과 베스트의 연구를 인정했다. 그리고 9월부터 그는 생리학 교실의 총력을 동원하여 이 연구에 착수하게 되었다.

매클라우드는 밴팅과 베스트에게 아이레스틴이라는 말은 어감이 나쁘니까 같은 의미의 라틴어 '인슐린'[라틴어의 섬 인슐라(insula)에서 유래]으로 바꾸라고 지시했다. 실은 인슐린이라는 이름 자체는 이미 1916년에 영국의 새퍼(E. A. Sharpey-Schafer)가 췌장의 가정물질에다 붙여 놓았던 것이다. 매클라우드는 섀퍼가 붙인 인슐린이라는 말의 어미에서 e자 하나를 떼 내었을 뿐인 것을 새 이름으로 정했던 것이다.

밴팅과 베스트의 다음 과제는 어떻게 해서 대량의 인슐린을 얻어 내느냐 하는 것이었다. 송치의 공급은 극히 한정되어 있다. 정상적인 성우(다 자란 소)의 췌장으로부터 직접 추출할 수는 없을까? 췌장을 그저 으깨면 췌장의 액화효소인 트립신이나 키모트립신이 인슐린을 소화하기에 활성을 잃는다. 이 문제는 산성 알코올을 사용하여 췌장을 으깨어, 효소 쪽의 활성을 상실하게 하는 것으로 해결할 수 있었다.

인슐린 발견의 첫 보고는 11월 14일 토론토대학의 생리학 저널클럽에서 공표되었다. 그리고 이듬해의 1월 11일에는, 당뇨병 때문에 빈사상태에 빠진 소년 레오나르드 톰프슨에게 인슐린을 주사하여 소년의 목숨을 건졌다. 밴팅과 베스트가 이 작업을 시작한 지 8개월 후의 일이었다. 인슐린이 발견되고부터 불과 2년 후에 밴팅과 매클라우드에게 노벨상이 주어졌다. 이것은 매우 이례적인 일이다. 노벨상은 발견된 내용이 확립된 뒤에야 주어지는 것이 보통이기 때문이다. 분자생물학의 기초를 쌓은 니런버그(M. W. Nirenberg)의 유전정보의 해독(1961년)에 노벨상이 주어진 것은 7년 후(1968년)였다. 하기야 라우스육종의 발견처럼, 발견 후 무려 56년이라고 하는 긴 세월이 지나고서 수상되는 일도 있다(라우스; F. P. Rous, 1966년). 인슐린의 경우는 발견 직후 바로 불치병에 유효하다는 것이 밝혀졌기 때문에 일찌감치 노벨상이 주어진 것일 터였다.

토론토대학교

불과 10마리의 개와 학생 한 사람, 게다가 실험실을 제공했을 뿐인 매클라우드에게 노벨상이 주어졌다는 것은 무슨 의미일까? 매클라우드는 인슐린이라는 이름을 붙여 주었고, 또 추출물을 주사하도록 시사한 공이 있기는 하다. 입으로 먹여서는 실패할 것이 틀림없다고 생각했기 때문이다. 매클라우드는 당시 캐나다에서 손꼽는 생리생화학자였고, 또 당뇨병의 권위자였다. 그의 연구실에서 인슐린의 발견이 이루어졌기 때문에 대규모의 추출이 가능했으며, 또 그 산물이 재빠르게 임상에 사용되었다는 것은 사실이다. 인슐린의 발견 후 바로 온타리오 주립 밴팅-베스트연구소가 설립된 것도 매클라우드의 권위에 힘입은 바 컸다. 그러고 보면 매클라우드가 노벨상을 밴팅과 나누어 가진 데는 이유가 없다고만은 할 수 없다. 매클라우드에게는 넝쿨째로 굴러 들어온 행운이었던 것이다. 다만 1928년에 매클라우드가 애버딘대학으로 전출한 후 그 후임자가 된 베스트가 노벨상을 함께 타지 못했다는 것은 불공평한 처사였다고 말할 수 있다.

만약, 매클라우드만이 상을 탔었더라면 그야말로 '장수 한 사람의 공명을 세워주기 위해서 뭇 군졸을 죽인' 꼴이 되었을 것이다. 그러나 아이러니컬하게도 어느 과학사 연표를 보아도, 인슐린의 발견자는 엄연히 밴팅과 베스트(1922년)라고 실려 있다. 매클라우드의 이름은 단지 노벨상 수상자의 명단에만 남아 있을 뿐이다.

그런데 밴팅과 베스트는 인슐린을 발견하기는 했지만, 그 실체를 명확하게 밝혀 낼 수는 없었다. 1925년에는 '인슐린은 단백질이 아니다'라고 하는 보고가 제출되었다. 이듬해인 1926년에 아벨(J. J. Abel)은 인슐린을 결정화하여 단백질이라는 것을 제시했다. 분자량도 수만이라고 말하고 있었는데, 1940년대 초까지에는 12,000이라고 보아지고 있었다. 6,000이라고 하는 최소의 단백질이라는 게 확립된 것은 생거(F. Sanger)의 일차 구조결정(1955년)의 성과에 의해서였다.

생거는 단백질의 아미노산배열을 결정하는 화학적 방법을 고안했고, 51개의 아미노산으로 구성된 인슐린에서 처음으로 성공했다. 인슐린은 A사슬(아미노산 21개)이라고 하는 부분과 B사슬(아미노산 30개)의 두 사슬의 S-S결합으로써 연결된 것이다. 생거는 이 업적으로 1958년도의 노벨 화학상을 수상했다.

1963년에 미국, 서독, 중국의 세 그룹이 인슐린을 시험관 내에서 인공적으로 합성하는 일에 성공했다. 그러나 방법이 복잡하고 값이 비싼

데다 호르몬의 활성도 높지 않았다. 그래서 현재도 치료에 사용되는 인슐린은 동물의 췌장에서부터 추출되고 있다.

한편, 췌장의 랑게르한스섬에서 합성되는 인슐린은 프로인슐린이라고 하는 인슐린의 전구물질이라는 것이 1967년에 미국에서 발견되었다. 세포 내에서 갓 합성된 프로인슐린은 약 30개의 아미노산을 여분으로 가진 단사슬로서, 세포 내의 골지체 속에서 단백분해효소에 의해서 인슐린이 되어 세포 밖으로 분비된다.

인슐린의 입체구조는 1935년에 영국의 호지킨(D. M. Hodgkin)이 착수해서, 실로 35년 이상의 세월이 흐른 후에야 밝혀졌다(1971년). 이것은 X선 해석법에 의한 것이었다. 1977년에는 미국의 분자생물학자들이 동물로부터 인슐린 유전자를 추출하여, 대장균의 유전자 속에다 짜넣는 일에 성공했고, 1978년에는 대장균 속에서 인간의 인슐린을 합성하는 일에도 성공했다. 머지않아 세균성 인슐린이 사용되게 될 것이다.

이리하여 인슐린을 둘러싼 연구는 계속 진보하기 시작했다. 하지만 핵심인 당뇨병의 원인이 되는 혈당을 어떻게 해서 감소시키느냐고 하는 문제는, 엄청나게 많은 보고가 나와 있는데도 불구하고 아직껏 해결되지 않고 있다. 현재까지는 세포막 위에 인슐린 수용체가 존재한다는 것과, 인슐린이 모든 세포의 기능 보전에 필수적이라는 것이 밝혀져 있다. 그 작용 기능을 해명한다면 바로 노벨 의학·생리학상을 받을 만한 가치가 있을 것이다.

2. 잘못이었던 '기생충 발암설'로 수상

J. A. G. 피비거

"불치의 병인 암의 원인에 대해서는 피르호(R. Virchow)의 자극설이나 콘하임(J. F. Chonheim)의 배세포설 등 여러 가지가 있지만, 모두 확실한 증거가 없습니다. 피비거는 기생충의 선충이 그 성인(成因: 사물이 이루어지는 원인)이라고 하는 것을 확증했습니다. 그의 불멸의 업적에 대해서 1926년도의 노벨 의학·생리학상이 수여됩니다."

스웨덴 왕립 카로린스카연구소의 소장인 외르스테드(H. C. Oersted)는 노벨상 수상식의 추천 강연을 이렇게 엄숙히 끝맺었다. 이어서 덴마크의 코펜하겐대학 병리학 교수인 피비거(J. A. G. Fibiger)가 국왕 구스타프 6세로부터 영광의 금메달을 받았다.

그런데 이 광경을 냉담한 눈초리로 바라보고 있는 사람이 있었다. 노벨상 선정위원회에 콜타르에 의한 발암을 성공시킨 일본의 야마기와(1863~1930)를 강력히 추천했으나 받아들여지지 않았던 스웨덴의 병리학자 헨센(V. Hensen)이었다.

피비거는 1867년에 덴마크의 실케보르크에서 태어나 1890년에 코

J. A. G. 피비거

야마기와 박사

펜하겐대학 의학부를 졸업했다. 베를린으로 유학하여 코호(R. Koch)와 베링(E. von Behring) 아래서 세균학을 공부하고 디프테리아에 대해서 연구했다. 1900년부터는 코펜하겐대학의 병리학 교수로 근무했다.

1907년, 피비거는 위암에 걸린 쥐를 조사하다가 괴상한 일을 관찰했다. 위암에 걸린 쥐의 조직편 속에서 기생충이 발견된 것이다. 그것은 선충의 스피롭테라(spiroptera)였다. 그것도 3마리의 쥐에서 발견되었다. 그렇다면 이 선충이 암과 관계가 있는 것이 아닐까 하여, 1,200마리에 이르는 쥐의 위를 조사해 보았지만 실패로 끝났다.

이 선충은 왕바퀴를 중간숙주로 삼는다는 것을 알았다. 쥐똥에 배출된 알은 배설물을 먹은 왕바퀴의 체내에서 자라고, 그것으로부터 쥐에게 섭취된다. 코펜하겐의 정당[精糖: 조당(粗糖)을 정제하여 백설탕을 만드는 일] 공장에서 발견된 61마리의 시궁쥐 중 40마리의 위에서 선충을 볼 수 있었다. 그리고 그중에서 18마리가 위암 또는 그 전구적(앞에 오는)병상을 나타내고 있었다.

게다가 여기서 모아 온 왕바퀴를 정상적인 흰쥐에게 주자, 거의 대부분의 쥐가 선충의 숙주가 되었고, 54마리 중 7마리에서 암이 발생했다. 피비거는 1913년에 길이 45cm, 너비 0.2mm 쯤의 선충이 위벽으로 침입하여 암을 일으키는 것이라고 결론지었다. 선충에 의해서 일으켜진 위암은 다른 쥐에도 이식할 수 있었다.

피비거의 연구성과는 참으로 명확했다. 그래서 노벨상을 타게 되었다.

독일의 베를린대학 병리학 교수인 피르호는 탁월한 의학자인 동시에 실천적인 사회사상가이기도 했다. 그는 '모든 세포는 세포로부터'라고 하는 세포학설을 1860년에 제창하고 있었다. 또 피르호는 파스퇴르(L. Pasteur)나 코호의 세균병원설에 대해서, 병이란 세포가 외부로부터의 자극에 의해서 변화한 것이라고 주장했다. 따라서 피르호는 세포의 암화는 반복 자극에 의하는 것이라고 보았다.

1893년, 당시 이미 70세를 넘고 있던 피르호 아래로, 멀리 일본으로부터 유학생이 찾아왔다. 32세의 도쿄제국대학 의학부 조교수 야마기와였다. 이 세계적인 대학자는 자료를 높다랗게 쌓아 둔 책상에서 일어서서 청년에게 다가갔다. 야마기와가 뜻밖의 일에 놀라서 뒤로 물러서려 하자, "진보적인 사람은 앞으로 나가야 해" 하고 말했다. 야마기와는 '그렇다! 그렇게 해야지' 하고 마음에 다짐했다. 그는 1년간을 피르호의 연구실에서 병리학의 연구에 힘쓰며, 발암 반복자극설을 실증하려고 생각했다.

야마기와는 1863년, 일본의 나가노현 우에다시의 야마모토의 삼남으로 출생하여 도쿄의 의사였던 야마기와의 데릴사위가 되었다. 1880년 도쿄대학 의학부 예과에 입학하여 1888년에 졸업했다. 병리학의 초대 교수인 미우라의 조수가 되어 3년 후에는 조교수로 승진했다. 당시 결핵의 특효약으로 주목을 모으고 있던 튜베르쿨린을 연구하기 위해, 베를린의 코호 아래로 유학하게 된 것이었다. 그러나 그는 코호 밑에서 1년을 있다가 피르호에게로 옮겨 갔다. 그쪽이 자신의 학문과 적성이 맞는다고 생각했기 때문이다. 유럽의 굴뚝 청소부 중에는 음낭암에 걸리는 사람이 많아서 비참한 직업병으로 간주되고 있었다. 이미 1775년에 런던의 의사가, 이것은 청소부의 음낭 뒤의 피부의 주름살에 그을음이 끼어들어 그 자극 때문에 일어나는 것이라고 보고했었다.

그래서 콜타르를 피부에 바르면 인공적으로 암을 만들 수 있지 않을까 하고 여러 의사들이 시도해 보았으나 실패로 돌아갔다. 야마기와도 이것에 흥미를 가져 여러 사람의 연구원에게 시험을 시켜 보았으나 잘되지 않았다. 굴뚝 청소부가 발암하기까지에는 10년 이상이나 걸렸다. 때문에 수명이 짧은 실험동물로도 상당히 장기간에 걸치는 처리가 필요했다. 그런 끈기를 가지는 연구자야말로 인공암에 성공할 것이 틀림없다고 그는 생각했다.

그러나 야마기와는 결핵을 앓고 있어 체력에는 자신이 없었다. 끈기

이치가와 박사

와 체력을 지닌 협력자가 그의 앞에 나타난 것은 1913년으로 야마기와가 52세가 되고서였다. 덴마크에서 피비거가 선충에 의한 발암에 성공했노라고 생각하고 있었던 시기였다.

도호쿠대학 농과대학을 졸업하고 도쿄대학의 의학부로 연구차 와 있던 이치가와 청년이 야마기와의 분신이 되었다. 그는 가축의 기생충을 졸업논문으로 연구했다. 25세의 낙천적인 건장한 청년이었다. 인공적으로 암을 일으키기 위해 실험동물을 선택해야 했다. 보통은 닭, 쥐, 새앙쥐 등이 사용된다. 야마기와는 이치가와가 사용할 실험재료로 토끼를 지정했다. 토끼는 수명이 길기 때문에 장시간의 처리에도 견뎌낸다. 또 토끼의 귀에서는 자연적으로 피부암이 생기지 않는다고 알려져 있기 때문에, 그것이 암화하면 발라둔 콜타르 때문이라는 것을 금방 알 수 있었다.

이치가와 박사의 실험은 1913년 9월 1일부터 시작되었다. 토끼를 4개군부로 나눈다. 제1군에는 피부의 재생을 촉진하는 샤랏하로트라는 약을 주사하고, 같은 부분에 콜타르를 하루 간격으로 문질러 바른다. 제2군에는 귀에 상처를 만들어 거기에다 샤랏하로트와 콜타르를 하루씩 번갈아 문질러 바른다. 이것과 대조할 2군은 핀셋으로 귀의 일정한 부분을 매일 한 번씩 문지른다. 그 절반은 다시 에테르로 닦아둔다.

야마기와는 피르호의 반복자극설을 믿고 있었다. 아마 어느 군의 토끼든 최종적으로는 모두 발암할 것이리라. 다만 자극 효과가 강한 콜타르 처리를 한 실험군이 빨리 암화할 것이다. 문제는 발암하기까지의 기간이다. 150일(5개월)이 목표라는 것이었다. 그때까지는 고작 2개월밖에 더 계속할 수 없었기 때문에 성공하지 못했던 것이라고 야마기와는 생각하고 있었다.

이치가와의 노력은 대단했다. 우선 토끼에 먹이를 주고, 배설물을 치워야 했다. 싫어하는 토끼를 껴안고 붓으로 콜타르를 발라 주어야 했다. 며칠마다 토끼집도 청소해야 했다. 조수로 일하던 가쓰누마(후의 나고야 대학장)가 일찌감치 집어던져 버렸을 정도로 힘든 일이었다. 그러나 이치가와는 묵묵히 토끼를 돌보았다.

2개월이 지나자 토끼의 귀는 살갗이 진무르고 솟아올라서 종양화한 듯이 되었다. 그러나 일부분을 잘라내어 조직편으로 해서 현미경으로 조사해 보았지만, 도저히 암이라고는 생각되지 않았다.

도호쿠 대학

해를 넘기고 1914년 봄이 왔다. 4월 2일, 제4회 일본병리학회 총회가 도호쿠대학 의학부에서 열렸다. 야마기와는 그 회장이었다. 이치가와는 야마기와와 공동연구의 형식으로 '상피의 이상증식에 대하여'라는 발표를 했다. 112일에 걸쳐서 콜타르를 바른 것으로 해서, 암화에 가까운 종양이 만들어졌다고 하는 결과였다. "암화도 불가능하지는 않다고 하는 확고한 신념을 가지고 실험을 계속하고 있습니다"라고 말하고 이치가와는 보고를 마무리했다. 바로 야마기와와 이치가와 두 사람의 선언이기도 했다.

1914년 4월부터 정식 실험이 시작되었다. 콜타르를 토끼 귀의 안쪽과 바깥쪽 또는 상처에 바르는 것이 주된 처리였다. 60마리의 토끼가 사용되었다. 장마철이 되자 토끼가 기생충 때문에 잇따라 죽는 뜻밖의 해프닝이 일어났다. 60마리 중 살아남은 것은 단 2마리뿐이었다. 새 토끼를 보충하여 실험은 계속되었다.

결핵으로 자주 병상에 누워있던 야마기와에게, 피비거의 인공암이 성공했다는 뉴스가 전해졌다. '선두를 빼앗겼구나' 하고 생각했지만, 안달을 한들 어쩔 도리가 없지 않느냐 하고 생각을 고쳐먹었다.

이치가와는 연말인 12월 15일부터는 검은토끼도 사용하기로 했다. 이 토끼의 귀에 타르를 바르기 시작한 76일째에 파필롬(papilloma: 유두종)이라고 불리는 양성종양이 생겼다. 150일이 지나자 모든 흰토끼에서도 이 종양이 발생했다. 검은토끼의 파필롬은 100일째쯤부터 솟아오르기 시작하여 마침내 귀에 구멍을 만들어냈다. 150일이 되자 토끼는 몹시 쇠약해졌다. 종양의 일부를 취해서 현미경으로 조사하자 어김없는 암세포로 되어 있었다.

"이치가와, 이것인가!" 현미경을 들여다보는 야마기와의 표정이 긴장했다. 1915년 5월의 일이었다. 3마리의 토끼에서 103일에서부터

179일 동안에 걸쳐서 바른 타르에 의해서 발암한 것이다.

야마기와와 이치가와의 인공암 성공은 1915년 9월의 도쿄의학회에서 처음으로 보고되었다. 1919년에는 학사원상(學士院賞)이 두 사람에게 수여되었다. 그들의 연구는 지바의대의 쓰쓰이에 의해서 새앙쥐에서도 확인되었고, 방법이 간편한 데서부터 쓰쓰이법이 온세계에서 사용되게 되었다.

야마기와와 이치가와의 선구적인 연구는 일본에서는 완성되지 않았다. 15년의 노력 후에 런던 암연구소의 케나웨이, 히에거들이 타르 속에서 발암물질 3, 4-벤조피렌을 발견했다. 같은 1932년에 도쿄의 사사키 연구소에서 사사키와 요시다가 인공 간암을 발생시키는 데 성공했다. 오르토아미노아조톨루엔을 쥐의 입을 통해서 투여하는 방법에 의한 것이었다. 이 전통은 더욱 강력한 발암제 4NQO의 발견(나카하라, 1957)으로 이어졌다.

사사키 박사

바이러스에 의한 닭의 육종 형성은 미국의 라우스(1911년)의 발견에 관련되는 것이라고 보고 있다. 사실 라우스는 그 업적으로 1966년도의 노벨 의학 · 생리학상을 받았다. 그러나 그보다 1년 전에 일본의 교토대학의 후지나미에 의해서 같은 것이 발견되었

요시다 박사

다. 이것은 피비거의 1927년 12월의 노벨상 수상 강연에서도 명확히 언급되었다.

한편, 피비거의 연구 성과는 극히 한정된 계통의 쥐에서만 볼 수 있는 것으로 전혀 일반성이 없다는 사실이 밝혀졌다. 피비거는 이것을 알지도 못하고 1929년에 세상을 떴고, 야마기와도 그 이듬해에 사망했다.

피비거의 기생충에 의한 발암의 발견은 그 개인에게는 행운이었겠지만, 노벨상에는 불행한 선택이 되었다. 피비거의 대립 후보였던 야마기와·이치가와의 타르에 의한 발암 연구야말로 진정 불멸의 업적이 되었기 때문이다.

3. 다이아몬드 합성이 낳은 수수께끼

F. F. H. 모아상과 P. W. 브리지만

연금술은 고대로부터 교양있는 인간의 마음을 사로잡아 놓아주지 않았다. 그 공과에 대한 평가는 구구하지만, 근세가 되고서도 보일(R. Boyle)이나 뉴턴(I. Newton) 같은 학자들까지 진지하게 대결할 만큼 매력을 지니고 있었다. 그런데 '금' 이상으로 귀중한 '다이아몬드'를 만들려는 '연금강석술'은 연금술보다 한층 매력적인 기도이기는 하지만, 그 역사는 연금술만큼 오래되지는 않았다. 성서나 베다(Veda: 바라문교의 성전) 등 고대의 성전에는 이미 다이아몬드에 대한 언급이 있었으나, 다이아몬드 제조의 역사는 연금술보다 짧다. 이것은 아리스토텔레스(Aristoteles)적인 물질관에 따르면, 보석이라 할 망정 4원소(물, 공기, 불, 흙)의 하나인 '흙'의 일종에 지나지 않기 때문에, 원소가 아닌 '금'을 만들기보다는 원리적으로 곤란하다고 생각되었기 때문인지 모른다.

17세기 말부터 다이아몬드의 본질이 차츰 밝혀져 왔다. 1704년 뉴턴은 다이아몬드가 가연성이라고 지적했는데, 이것은 그 후의 많은 실험을 통해서, 특히 사재를 던져서 철저한 연구를 한 라부아지에(A.

L. Lavoisier)에 의해서 실증되었다. 1796년, 영국의 화학자 테 난트(S. Tennant : 일리듐과 오스뮴의 발견자로서 유명)는 다이아몬드가 순수한 탄소라고 하는 것을 증명했다. 이것에 의해서 연금술의 현대판이라고도 할 '연금강석술'의 레이스의 개막이 준비되었다.

아주 흔한 물질인 석묵(그래파이트)이 순수한 탄소라는 것은 이미 알려져 있었고, 더욱 비근한 재료로써 목탄(숯)도 고려되었다. 이 매력적인 기도에 도전한 발명가와 과학자의 수는 결코 적지 않았다. 과거의 연금술의 경우와 마찬가지로 당시의 일류 과학자들 중에도 많은 수가 이 기도에 참가했다. 그리고 그중에는 몇 사람의 노벨상 수상자도 헤아릴 수 있다.

최초로 다이아몬드의 합성에 성공했노라고 말하고 나선 사람은 영국의 젊은 화학자 하네다. 1880년의 일이었다. 그는 뼈 기름과 파라핀의 혼합물에 금속 리튬을 첨가하여 스틸제 기밀용기에 봉입하고, 커다란 용광로 속에서 금속용기가 검붉은 빛이 될 때까지 14시간을 가열했다. 여러 번의 실험은 대부분 가스가 새어 나가거나 폭발로 끝나 버렸지만, 잘 진행되었을 때는 미량의 딱딱하고 투명한 돌조각이 용기의 벽에 붙어 있었다.

F. F. H. 모아상

비중(3.5)이나 원소분석값(탄소 98.75%)으로부터 그는 이것을 다이아몬드라고 단정했다. 하네의 이 보고는 애초에는 높이 평가를 받았었지만 차츰 의혹의 눈길을 받게 되었다. 어떤 사람은 농담으로나마 다이아몬드의 파편을 집어넣은 것이겠지 하고 비웃는 사람조차 나타났다. 하네가 민간 기술자, 기업가였다는 것도 그의 평가에 불리하게 작용했다. 게다가 추시(追試: 남이 실험한 결과를 그대로 해보고 확인함)는 곤란하고 또 위험했다.

H. 데이비

그러나 1896년, 프랑스의 화학자 모아상(F. F. H. Moissan)의 다이아몬드 합성 보고는 당시의 학회에 아무런 반론도 의문도 없이 받아들여졌다. 데이비(H. Davy)를 비롯한 저명한 화학자들도 전기분해를 통해 플루오르화합물에서 플루오르를 원소 상태로 추출하는 것에 어려움을 겪고 있던 때였다. 그런데 젊은 하네와 달리 파리 약학과 대학의 교수(후에 파리대학 교수) 모아상은, 이에 성공하여 당시(1886년) 최고의 무기화학자로 명성을 떨쳤다. 불가능하다고 생각되고 있던 플루오르의 분리에 성공했다. 그렇기 때문에 그가 또 하나의 어려운 일을 성취했다고 해서 무엇이 이상할 것이냐 하고 누구나가 생각했다.

모아상에게 있어서 다이아몬드 합성은 결코 일시적인 명성을 얻기 위한 테마가 아니었다. 플루오르 연구로부터 자연적으로 발전한 것이었다. 탄소의 플루오르화합물을 처음으로 합성한 그는, 이 화합물로부터 적당한 방법으로 플루오르를 제거하면 탄소가 다이아몬드의 형태로 남게 되는 것이 아닐까 하고 생각했다. 그러나 이런 노선에 따른 시도는 모두 실패로 끝났다.

그렇다면 다이아몬드가 천연으로 산출될 때의 환경을 모방하는 것이 지름길이 아닐까 하고 생각한 모아상은, 다이아몬드 광맥으로부터의 모래자갈을 현미경으로 조사하여, 다이아몬드의 미립자 이외에 석묵이 섞여 있다는 것을 인지했다. 석묵은 고온의 조건에서 생기는 것이기 때문에 다이아몬드의 생성에도 고온이 필요하지 않을까……. 또 다이아몬드를 연소시킨 후에 남는 근소한 회분(灰分: 석탄이나 목탄이 다 탄 뒤에 남는 불연성의 광물질)에는 반드시 철이 포함되어 있다는 것을 인지했다. 그렇다면 철의 공존이 다이아몬드 생성의 조건이 아닐까…….

그는 고온을 얻기 위해 전기로를 고안했는데, 그것이 이 연구에서의 큰 수확이 되었다. 실제로 1906년에 그가 노벨 화학상을 수상한 것은 '플루오르의 연구와 분리 및 모아상 전기로의 고안'에 대해서였다. 그러나 융해된 철에 탄소를 녹여도 석묵밖에는 생성되지 않았다. 이것만으로는 무엇인가 부족한 것이 명백했다.

그 무렵, 미국 앨리조나주 캐니언 디아블로에서 발견된 운석 속에 다이아몬드의 미립자가 소량이나마 존재한다는 보고가 있었다. 모아상은 이것이야말로 다이아몬드 생성의 열쇠가 될 관찰이라고 느꼈다. 무정형 탄소가 고온의 용융철에 녹아 있고 그때 철의 표면이 급격히 냉각, 수축하면 내부의 탄소에 높은 압력이 걸려서, 결정성 탄소 즉 다이아몬드가 석출될 것이라고 추론했던 것이다. 이 생각은 각종 탄소의 밀도로부터도 지지되었다. 무정형 탄소(숯 등), 석묵의 밀도는 각각 1.9, 2.25인데 비해 다이아몬드는 3.5로 높았던 것이다.

모아상은 이 노선을 따라서 연구를 추진했다. 탄소가 포화될 때까지 녹여 넣은 용융철을 냉수 속으로 던져 넣은 뒤, 철을 산으로 녹여서 석묵을 주성분으로 하는 남은 찌꺼기를 적당한 방법으로 처리해 가자, 밀도가 3~3.5인 검은색 또는 색깔이 없는 다이아몬드(비슷한) 미립자가 남았다.

성공이라고는 하지만, 모아상은 이 결과에 만족하지 않았다. 실험결과가 일정하지 않고, 얻어진 다이아몬드는 현미경으로 볼 수 있는 크기밖에 안 되어 실용에는 거리가 멀었다. 그는 죽을 때까지 이것이 마음에 걸려 여러 가지로 개량법을 계획했지만 실행하지는 못했다. 그의 연구는 폭이 넓어서 다이아몬드에만 전력을 집중할 수 없었는데다 플루오르를 연구했던 화학자들의 예와 같이 그 역시 플루오르의 맹독에 노출되어 있었기 때문에 수명이 짧았다. 1907년 55세로 그는 불귀의 객이 되었는데, 목숨이 다하는 막다른 시점에서 노벨상 수상의 영광을 차지할 수 있었다. 그 점에서 그는 행운이었다고 말해야 할 것이다.

모아상의 지지자 중에는 크룩스(W. Crookes)와 같은 저명한 물리학자도 포함되어 있었다. 그러나 전체적으로는 차츰 비판적인 의견이 나

W. 크룩스

오게 되었다. 당시 솔본느대학의 교수라는 지위로부터 모아상과 대항하는 입장에 있었던 르 샤틀리에(H. L. Le Chatlier: 화학평형에 관한 연구로 유명)에 의하면, 다이아몬드 합성은 전면적인 지지를 받고 있었던 것이 아니었다.

한편, 증기터빈(파손스터빈)의 발명으로 이름을 떨친 영국의 기술자 파손스(C. A. Parsons)도 다이아몬드 합성에 나섰다. 파손스는 하네, 모아상의 실험을 반복하여 처음에는 성공한 듯이 생각했다. 그러나 문득 의문을 품은 그는 실험을 더욱 주의깊게 반복하여, 여태까지 다이아몬드라고 생각되었던 투명한 결정은, 여러 가지 점에서 다이아몬드를 닮은 광물의 첨정석에 지나지 않다는 사실을 밝혀냈다. 게다가 모아상의 미망인이 파손스에게 '남편의 조수가 고백한 바로는, 무한정 반복되는 실험에 짜증이 난 조수가, 한편에서는 남편을 기쁘게 해주기 위해서 다이아몬드의 파편을 시료 속에 몰래 넣었다'라고 밝혔다는 이야기가 전해지면서, 모아상이 성공이라고 확신한 것은 실은 '그 자신에게는 죄가 없다 하더라도' 사람들을 시끌시끌하게 만든 장난에 불과했는지도 모른다는 것으로 낙착되었다.

그러나 이 이야기가 어디까지 진실인지는 확인하기 어려울 뿐더러,

죽은 이의 관에 매질을 거듭하는 건 그 누구도 달가워하지 않는 일이다. 1928년의 『Nature』지에서 이 문제를 정리한 데슈(C. H. Desch)는 '모든 일들을 종합해 보면, 실험실에서 다이아몬드가 합성된 일은 아직 없으며, 다이아몬드와 비슷한 광물에 현혹되었을 것이다'라고 결론지었다.

모아상에게 불리한 과학상의 지식도 집적되었다. 석묵으로부터 다이아몬드로의 변환은, 탄소의 다른 상 사이의 상전이(相轉移: 물질이 온도, 압력, 외부 자기장 따위의 일정한 외적 조건에 따라 한 상(相)에서 다른 상으로 바뀌는 현상, 예를 들면 융해, 고화, 기화, 응결 따위이다)이며, 어떠한 조건에서 상전이가 일어나기 쉬운가는 순수히 열역학적인 실험과 계산을 통해 확인될 수 있을 것이다. 미국의 물리학자 로시니(Rossini)에 의하면 13,000기압 아래서는 석묵보다도 다이아몬드 쪽이 안정하다고 하는 온도는 존재하지 않지만, 16,000기압 이상이 되면 다이아몬드와 석묵이 평형에 도달하는 온도가 나타난다. 한편 모아상의 반응조건에서 얻어지는 압력은, 철의 강도로부터 생각하여 고작 수천 기압이며 다이아몬드가 생성될 턱이 없다는 것이다.

그러나 죽은 후에도 모아상이 의심을 풀 기회가 없었던 것은 아니다. 데슈의 총괄에서도 언급되어 있듯이, 얻어진 것이 다이아몬드이냐 아니냐고 하는 판정에도 문제가 있었다. 이 점에 관해서는 브래그(W. H. Bragg & W. L. Bragg) 부자들에 의해서 개발된 X선 결정해석이 결정적인 수단이 된다는 것이 밝혀지게 되었다. 1943년에 여류 결정학자 론즈델(D. K. Lonsdall)은 대영박물관에 보존되어 있던 하네의 시료를 검사

W. H. 브래그

W. L. 브래그

한 결과, 그 대부분이 다이아몬드인 것을 확인했다. 다이아몬드는 적외선 흡수나 자외선 투과율에 의해서 I형과 II형으로 나누어지는데, 하네의 다이아몬드의 대부분은 천연산에는 없는 II형이었다.

이것은 하네에게 있어서는 유리한 결론이었다. 유감스럽게도 론즈델의 호소에도 불구하고 모아상의 다이아몬드는 끝내 그 소재를 밝히지 못했다. 그의 다이아몬드가 현존해 있으면, 어쨌든 간에 좀더 말끔한 결론이 얻어졌을 것이 틀림없었을 터였다. 모아상이 살아 있다면 무엇보다도 이 검사를 바랐을 것이다.

하지만 이것으로 모아상의 일에 흑백이 가려지는 것은 아니다. 론즈델은 다음과 같이 좀 비아냥거리면서 쓰고 있다. "하네의 다이아몬드가 진정한 다이아몬드라는 것은 증명할 수 있지만, 그것이 정말로 하네가 만든 것인지 어떤지는 증명할 길이 없다. 브래그경도 말하고 있듯이, 물리나 화학의 수수께끼보다 더한 퍼즐은 없다." 다이아몬드가 영원하듯이 모아상의 수수께끼도 영원한 수수께끼로 끝날 것이다.

열역학적인 데이터의 도움을 빌어서 근대적인 다이아몬드 합성에 나선 사람들 중에서 가장 걸출한 업적을 올린 사람은, 미국 하버드대학의 물리학 교수 브리지먼(R. W. Bridgman)이었다. 그는 초고압 압축기를 발명하여, 초고압 아래서의 물질의 연구라고 하는 전혀 새로운 물리학 분야를 개척했다. 그의 장치는 상온이라면 400,000기압이라고 하는 초고압을 만들어 내기는 했지만, 석묵의 다이아몬드로의 변환은 일어나지 않았다.

초고압뿐만 아니라 고온도 상전이의 필요조건이기 때문에, 그는 압축기를 고온에서도 쓸 수 있게 개조했다. 그것에 의해서 2,000℃라고 하는 고온을 30,000기압의 압력 아래에 있는 석묵에 지속적으로 공급할 수 있었고, 아주 순간적이기는 했으나 3,000℃의 고온도 실현했다. 그러나 1943년의 논문에 발표되었듯이 다이아몬드에서 석묵으로의 전이는 일어났지만 그것의 반대 현상은 관측되지 않았다. 그러나 그의 실험은 어떤 조건을 설정하면 석묵→다이아몬드로의 전이가 일어나기 쉬운가, 또 (전이의)반응속도도 실제로는 중요한 문제라는 것을 확인했다고 하는 점에서는 획기적이었다.

당연한 일로 연구의 속행이 요망되었다. 그러나 이 무렵부터 과학 연구에는 돈이 들게 되었다. 정부가 연구개발에 국가예산을 크게 할애할 수 있는 시대는 아직 와 있지 않았다. 이 연구도 1,000t/프레스 등

값비싼 장치를 필요로 하고 있었기 때문에 제네랄 일렉트릭(G · E)사 등 3개 회사가 스폰서로 되어 있었지만, 제2차 세계대전이 발발하여 기업으로부터의 연구비가 단절되었다. 브리지먼은 눈물을 삼키며 연구를 단념했다.

전쟁이 끝나자 다시 다이아몬드 합성이 계획되었다. 전의 스폰서의 하나였던 노턴사가 브리지먼의 장치 등을 물려받아 실험을 재개했으나, 곧 자금 면에서 애로에 봉착하여 GE사에 공동연구를 신청했다. 이것을 받아들여 GE사는 프로젝트 팀을 조직하여 1951년부터 본격적인 연구를 시작했다. 시대는 바뀌어 있었다. 이미 민간의 한 기술자나 한 사람의 대학교수가 거대한 연구를 완성시킬 수 있는 시대는 아니었다. 방대한 자금과 인재가 갖추어져서야만 비로소 성공을 기대할 수 있는 '거대 과학'의 시대로 접어들고 있었다.

이미 희망을 가질 수 있는 상태에서부터 출발했는데도 불구하고 GE사의 팀이, ① X선회절상이 천연 다이이몬드와 일치하고, ② 분석결과가 주로 탄소로 이루어졌다는 것이 증명되고, ③ 경도가 천연 다이아몬드에 맞먹으며, ④ 누가 하더라도 재현이 가능해야 한다는 네 가지 요건을 충족시킬 인조 다이아몬드를 얻는 데는 4년 이상의 시간이 필요했다. 이때의 압력은 95,000기압, 온도는 1,600℃였다. 합성(synthetic)이라고 부르지 않고 '인조(man-made) 다이아몬드'라고 부른 데에 어려운 사업을 성취한 GE팀의 긍지가 느껴진다.

이 GE팀의 성공 보고를 브리지만은 틀림없이 복잡한 심정으로 받아들였을 것이다. 확실히 GE팀은 장치나 방법에서 많은 개량을 도입했었지만, 브리지먼의 작업이 없었다면 성공으로의 길은 멀고 험난했을 것이 확실하다. 브리지먼이 한 일은 에베레스트 등반에서의 베이스 캠프와 같은 역할이었다. 그러나 브리지먼도 결코 보상받지 못했던 것은 아니다. 인조 다이아몬드가 성공하기 10년 전인 1946년에, 그는 '초고압 압축기의 발명과 그것에 의한 고압물리학의 연구'로 노벨 물리학상에 빛났던 것이다.

4. 자신의 업적을 '이용' 당하고 놓쳐버린 상

E. 샤가프

『이중나선』이라고 하는 왓슨(J. D. Watson)의 저서가 있다. (한국어판으로는 전파과학사의 「현대과학신서 8」 하두봉 교수가 옮긴 것이 있다) 저자와 크릭(F. H. C. Crick)이 유전자의 정체인 데옥실리보핵산(DNA)의 화학구조를 밝혀 나가는 과정을 참으로 생생하게 묘사하고 있다. 왓슨과 크릭은 DNA의 결론을 얻기까지 고전하면서, 또 의심하고 격론을 벌이면서 때로는 실망했다. 그러나 최후에 얻어진 승리는 20세기 과학계에서 최대 수확의 하나로, 인간의 예지로 수립된 빛나는 금자탑이 되었다.

그들이 제창한 DNA 모형(왓슨-크릭의 모형)은 그 후 무수한 연구를 이끌어 내어, 오늘날에 있어서의 분자생물학의 발전에 확고 부동한 기초를 제공했다. 또 그 후의 많은 연구는 두 사람이 만든 모형의 정확성을 확인해 가면서 오늘에 이르고 있다.

그러나 이 모형은 일조일석에 고안된 것이 아니다. 주도한 DNA의 화학분석 및 X선에 의한 결정구조의 해석이 없었더라면 그 실마리조차도 얻어지지 못했을 것이 확실하다.

1962년 가을, '핵산의 분자구조와 유전정보의 전달에 대한 연구'라고 하는 공적으로 왓슨, 크릭 및 윌킨스(M. H. F. Wilkins)의 세 사람이 노벨 의학·생리학상 수상의 영예에 빛났다. 수상자의 한 사람인 윌킨스는 DNA의 결정구조를 X선으로 극명하게 해석한 학자이다. 이들의 노벨상 수상은 당연한 일로서 아무도 이론을 제기할 여지가 없다. 그러나 DNA의 연구 경과, 특히 왓슨-크릭의 모형을 조립하는 과정에서의 경위를 알고 있는 일부 사람들이 한결같이 놀란 일이 있었다. 그것은 윌킨스가 수상했는데도 왜 '그'가 빠졌을까 하는 의문이었다.

E. 샤가프

'그'란 최근에 뉴욕의 컬럼비아대학을 퇴임한 샤가프(E. Chargaff)이다. 그는 1905년에 오스트리아에서 태어나 빈대학에서 학위를 받았다. 이어서 에이레대학, 베를린대학에 있다가, 나치스의 박해로 프랑스로 가서 파스퇴르연구소에서 주로 지방질을 연구했다. 1935년 30세의 나이에 미국 컬럼비아대학으로 옮겨 갔다. 그리고 E. 샤가프는 1975년 이 대학을 퇴직할 때까지 실로 40년 동안이나 의학부의 세포화학연구소에 눌러 있었다.

샤가프의 초기의 연구는 인지질에 관한 것이 많았으나, 1944년에 세균세포의 DNA를 다른 세포로 이식함으로써 유전형질을 전달할 수 있다는 것이 입증되고서부터, 그의 흥미는 인산을 포함하는 고분자인 핵산으로 쏠리게 되었다. 샤가프는 DNA와 리보핵산(RNA)을 여러 종류의 생물 조직이나 세균 등으로부터 조제하고, 독특한 방법으로 염기(아데닌, 구아닌, 시토신, 티민)의 조성을 극명하게 분석했다.

이들 연구는 1940년대 후반부터 시작되어 1950년대 초께는 실로 광범한 범위에 미쳤다. 연구 중에 샤가프는 DNA의 염기 조성에 놀라운 규칙성이 있다는 것을 알았다.

즉, 모든 DNA에서 염기의 아데닌과 티민의 양이 같고, 구아닌과 시토신의 양이 같다는 것이었다. 따라서 아데닌과 구아닌을 보탠 푸린 염기의 양과 시토신과 티민을 보탠 피리미딘 염기의 양이 같다는 것이 된다. 또 (아데닌+티민) 대 (구아닌+시토신)의 비는 종에 따라서 다르고, 종의 특이성을 이 비율에서 볼 수 있다는 것도 알았다. 이 DNA의 염기 조성의 특징은 후에 '샤가프의 법칙'이라고도 불리며 핵산의 화학적 특성에 관한 최대 발견이 되었다.

이 분석 결과를 왓슨과 크릭이 DNA 모형을 조립할 때 활용했다는 것은 말할 나위도 없다.

그들은 DNA의 분자 모형을 생각하는 과정에서 DNA의 두 가닥의 나선이 아데닌과 티민, 구아닌과 시토신의 염기쌍으로 결합하는 것이라고 생각했다. 이것은 그들이 샤가프의 분석 결과로부터 착상한 것이었다. 샤가프는 DNA의 분석뿐 아니라 핵산의 화학구조의 연구에서도

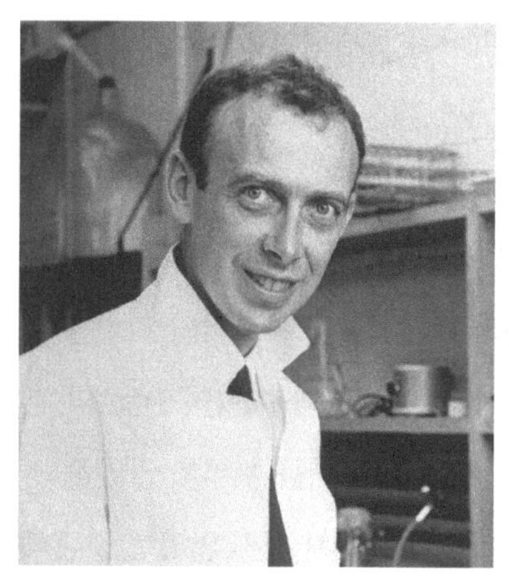

J. D. 왓슨

F. H. C. 크릭

제일인 자로서 오랫동안 지도적인 입장에 있었다. 이 같은 샤가프의 공헌이 노벨상 선고에서 무시된 데는 어떤 깊은 사정이 있었을까?

왓슨과 크릭이 DNA의 이중나선구조를 착상한 근거가 샤가프의 DNA에 관한 화학분석의 결과였다는 것은 엄연한 사실이다. 한편 윌킨스들의 X선에 의한 DNA 결정구조의 해석도 틀림없이 모형 조립의 기초가 되었다. 그런 의미에서는 샤가프와 윌킨스 사이에 우열의 차가 없다. 그렇다면 왜 윌킨스만이 수상 대상으로 선정되었을까? 몇 가지 이유가 있을 것이다.

왓슨과 크릭은 영국의 케임브리지대학 캐번디시연구소에서 DNA의 분자 모형을 궁리하고 있었다. 윌킨스는 런던대학의 킹스 칼리지에 있었는데, 세 사람은 자주 교류하며 함께 DNA의 화학구조에 대해서 이야기를 나누었다. 그러나 샤가프는 미국의 컬럼비아대학에 있었기 때문에 직접 그들의 연구에는 관여하지 않았다.

당시의 DNA 연구의 경력과 실력으로 본다면 샤가프와 왓슨, 크릭의 차이는 명백했다. 당시 왓슨은 20대, 크릭은 30대, 그리고 샤가프는 40대였다. 샤가프는 이미 핵산 연구의 세계적 권위자로서의 지위를 굳혔고 그 명성은 확고부동한 것이었다. 그는 왓슨과 크릭이 DNA의 분자 모형을 연구하고 있다고 듣고서도 그다지 흥미를 보이지 않았을 것이 틀림없다. 핵산의 연구에서 거의 이름이 알려져 있지 않았던 왓슨과 크릭의 연구 따위에는 관심도 없었던 것 같다.

왓슨과 크릭은 캐번디시연구소에서 샤가프와 만난 적이 있다. 그때의 일은『이중나선』에 아주 생생하게 언급되어 있다. "샤가프는 DNA의 세계적 권위자의 한 사람으로서, 처음에는 이 경쟁에서 이기려 하고 있는 다크호스에 대해서 달갑게 여기지 않았었다. 샤가프의 경멸은 크릭이 네 종류의 염기의 화학적인 차이를 기억하고 있지 않다고 말했을 때 그 절정에 달했다."

샤가프는 자기 손으로 DNA의 화학적 특성을 발견해 놓고서도 그것이 생물학적으로 어떤 의미를 지니는가에 대해서까지는 생각하지 않았다. 한편 왓슨과 크릭은 유전자로서의 DNA의 생물학적 중요성을 충분히 고려하고, 세포분열에서의 DNA 분자의 복제까지도 생각하여 모형을 조립하고 있었다. 그 과정에서 윌킨스는 항상 협력자로서의 입장을 지속하고 있었다.

즉 샤가프는 자기보다 젊은 두 사람의 풋내기 연구자(왓슨과 크릭)가 유전자의 본질에 육박하는 연구를 추진하고 있는 사실을 알아채지 못하고, 이 좀 별난 과학자들을 DNA 분자의 모형과 함께 무시했던 것이다. 샤가프는 왓슨과 크릭의 연구에 중대한 거점을 제공하면서도 그 연구의 협력자가 되지 않았다. 오히려 '남의 샅바로 씨름을 하는 시건방진 젊은 놈들'이라고 냉담하게 다루었다. 샤가프와 윌킨스는 이 같은 대조적인 입장을 취했던 것이다.

1950년대의 생화학은 차츰 분자생물학이라고 하는 새로운 장르의 학문의 발전으로 이어져 간다. 콘버그(A. Kornberg)의 DNA 생합성 및 오초아(S. Ochoa)의 RNA 생합성의 연구는 그 최대의 수확이며 두 사람은 모두 노벨상을 수상했다. 이것들은 다른 많은 연구와 더불어 1950년대 후반부터 1960년대 동안 분자생물학이 폭발적으로 진전하는 데 기초가 되었다. 물론 왓슨과 크릭의 모형은 그 핵심이 되었다.

이 무렵, 샤가프는 여전히 화학적인 입장에서부터 핵산의 화학구조의 연구를 추진하고 있었다. 그는 화학 출신의 생화학자이며, 모든 생명현상은 물질의 수준에서 화학적으로 해명되어야 한다는 입장을 견지했다. 따라서 물질을 분리, 정제하고, 분석하며, 구조를 결정하는 것을 첫째로 삼았다. 물질을 포착하여 분석하기까지 모든 현상은 샤가프에게는 이미지에 불과했다. '나무를 보고 숲을 보지 않는다'는 속담이 있다. 샤가프는 그 나무를 문제시했다. 그는 "분자생물학은 산이나 숲만 보고, 나무의 문제를 잊고 있다"라고 비판했다. 나무를 파악하지 않고

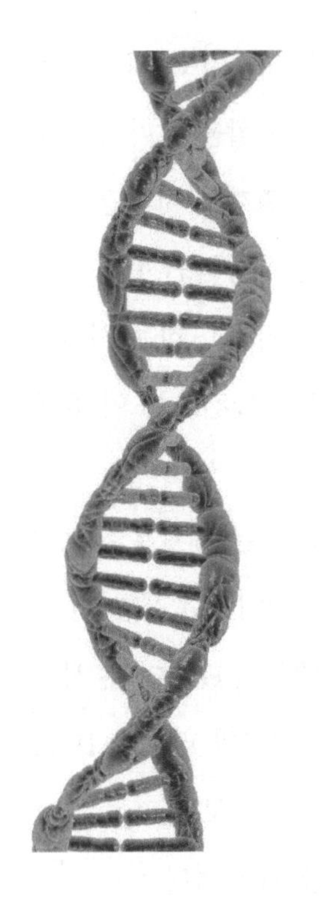

서 산을 알려고 하는, 즉 물질을 확실하게 포착하지 않는다고 하는 일면을 지니면서 진전해 온 분자생물학은 그의 적성에는 맞지 않았던 것이다.

1962년에 왓슨과 크릭 및 윌킨스가 노벨상을 수상한 무렵, 분자생물학의 발전은 최고조에 달하고 있었다. 그리고 왓슨도 크릭도 그 조류의 중심인물로서 활약하고 있었다. 이것에 반해 샤가프는 새로운 학문, 분자생물학에 대해서 일관하여 "outsider at the inside"(내부방관자)의 입장을 취하며, 학문의 진보를 남보다 앞서 취하지 않으면서, 때로는 그것을 엄격하게 비판했다.

이와 같은 샤가프의 언동은 분자생물학을 추진하고 있는 연구자 또는 그것에 동조하는 사람들에게는 결코 유쾌한 인상을 주지 못했을 것이다. 왓슨과 크릭이 샤가프와 처음 만났을 때부터 생겼던 도랑은 점점 더 깊어갈 뿐이었다.

1962년의 노벨상 수상에서 빠진 샤가프는 결코 행복하지 않았다. 그러나 그는 자기 아래로 모여드는 숱한 연구자를 거느리고 DNA 염기배열의 연구를 추진했다. DNA로부터 푸린 염기만을 제외시켜, 피리미딘 염기만을 갖는 DNA를 만들어, 그 DNA 분자 내의 피리미딘 뉴클레오티드 배열을 분석하거나, 그 반대로 DNA로부터 피리미딘 염기만을 제외시켜 DNA 분자 내의 푸린 뉴클레오티드의 배열을 연구하거나 했다. 모두가 화학적인 방법에 의한 것이었다.

노벨상을 받지 못한 것에 대한 동정도 있고 하여 샤가프는 노벨상 이외의 많은 국제적 과학상을 손에 넣었다. 세계 곳곳에서 동정의 소리가 왔다 해도 지나친 말이 아니었다. 그러나 샤가프의 연구에 대한 정력은 서서히 시들어 가고, 그의 연구실에 있던 유능한 연구자들은 차츰 그의 보금자리에서 떠났다. 이것은 아무리 우수한 연구자라고 한들 미국에서는 언젠가는 부닥치지 않으면 안 될 말기적 현상이었다. 그리고 70에 가까워진 1975년, 샤가프는 40년 동안이나 머물러 있었던 컬럼

컬럼비아대학교

비아대학을 뒤로하고 근처의 루스벨트병원으로 옮겨 갔다. 그와 더불어 번영을 다했던 그의 세포화학연구소의 등불도 꺼졌다.

샤가프는 생화학자인 동시에 철학자적인 측면을 지닌 사색가이기도 했다. 그와 만나서 이야기에 꽃이 피게 되면, 그는 금방 웅변가로 바뀌어 해박한 지식을 피로했고, 화제는 철학, 과학, 문학, 역사, 예술, 음악에까지 다양했다.

1975년경부터 시작된 유전자 재조합 실험에 대한 샤가프의 비판은 참으로 준열한(매우 엄하고 매서운) 것이었다. 이 실험은 미국 스탠퍼드대학의 코언(S. N. Cohen)의 연구에서부터 시작되었다. 세균이나 세포의 유전자 속에 인공적으로 다른 유전자를 짜넣어, 본래의 세포가 갖지 않는 성질을 발현시키려는 것이다.

이를테면 쥐의 인슐린 유전자를 대장균의 유전자에 짜넣으면, 대장균은 인슐린을 생산하게 된다. 따라서 이 방법을 잘 이용하면 호르몬 등의 양산이 가능하게 되고 인류에게 헤아릴 수 없는 혜택을 주게 된다. 그러나 생물의 유전자를 인공적으로 조작하는 것이기 때문에, 경우에 따라서는 상상조차 못 할 해로운 생물이 출현하고, 이 때문에 인류뿐 아니라 생물이 멸망의 위기에 봉착하게 될지도 모른다.

이것은 마치 인류의 멸망으로 이어지는 원자폭탄이나 수소폭탄을 인간이 자신의 손으로 만들어 낸 것과도 흡사하다. 샤가프는 이 유전자 재조합의 논쟁 가운데서 반대파 보스의 한 사람이다. 늙은 몸을 채찍질하면서 과학자의 사명과 책임을 타이르는 그의 마음에는, 자신의 손으로 DNA 연구의 길을 개척했다고 하는 책임감이 있었을 것이다. 그의 연구실에는 일찍이 몇 사람의 일본인 연구자가 있었다. 그들의 입으로부터 원자폭탄의 비극을 듣고서, 그와 같은 어리석음이 다시 되풀이되어서는 안 된다고 하는 것이, 스스로 DNA를 연구해 온 샤가프의 소망이었을 것이다. 그러나 실제로 유전자 재조합 실험을 추진하고 있는 연구자들에게는, 샤가프의 반대는 소수 의견에 지나지 않았으며 신경질적인 발언이라고 밖에는 비치지 않았다. 그렇기 때문에 '샤가프는 노벨상을 타지 못한 원한으로 새로이 태어날 학문을 비판만 하고 있다'는 중상이 나왔다. 그렇다면 만약 그가 노벨상을 탔었더라면, 그는 분자생물학이나 유전자 재조합 실험에 대한 비판을 그만 두었을까? 샤가프를 잘 알고 있는 사람은 '노우!'라고 대답할 것이 틀림없다. 그의 성격, 과거의 언동으로부터 추측하면, 샤가프는 자기가 정당하다고 생각하는 일은 반드시 당당하게 발언했다. 그것이 그의 본성인 것이다.

노벨상의 빛과 그늘에서 이를 갈면서 분함을 느꼈던 샤가프는, 길고 길었던 그의 연구 생활을 회고하여 자서전에 가까운 『헤라클레이토스의 불』이라는 책을 썼다. 샤가프가 본 왓슨과 크릭의 모습을 왓슨이 본 샤가프의 모습과 대비하면 매우 흥미롭다. 필경 '남을 말하는 것은 자신을 말하는 것'이 되는가 보다.

5. 여성 차별 아래서 이루어진 DNA 구조의 해명

R. 프랑클린

1962년 10월 19일의 조간은 크릭, 왓슨과 윌킨스의 노벨 의학·생리학상 수상을 보도했다.

윌킨스가 DNA 분자구조를 X선 회절법으로 조사하고, 왓슨과 크릭이 그 결과에 바탕해서 DNA의 분자 모형을 궁리했다고 하는 것이 첨가된 해설의 대체적인 내용이다. 이 해설을 위의 세 과학자의 공적을 설명한 것이라고 받아들인다면 별로 문제가 없다. 하지만 그것이 DNA 분자구조를 확정하게 된 경위를 요약한 것이라고 해석할 경우에는, 그 연구에 중요한 공헌을 한 두 과학자의 이름이 불공평하게 빠진 셈이 된다.

그중의 한 사람은 DNA의 염기 비율을 확정한 샤가프이고, 나머지 한 사람은 DNA 결정의 X선 회절에서 결정적인 정보를 제공한 프랑클린(R. Franklin)이다. 대충 말해서 왓슨과 크릭은 샤가프의 데이터와 프랑클린의 사진을 전제로 하여 모형 조립이라고 하는 독자적인 방법에 의해서 합리적인 분자구조에 도달했던 것이다. 샤가프에 대해서는 앞장에서 다루었기 때문에 일체 생략하겠지만, 그가 수상하지 못한 것은 부자연한 일이다. 각 분야의 수상자는 세 사람 이내라고 하는 규정으로 윌킨스가 희생되었다고 밖에는 생각할 수 없다.

R. 프랑클린

로자린드 프랑클린은 1958년에 사망했기 때문에, 생존자만을 대상으로 하는 노벨상의 선고 범위에서는 당연히 제외된다. 하지만 본질적인 이유가 아닌 것으로 선고에서 빠져버린 사람들의 공적이 잊혀져 버리는 경향이 있다고 한다면, 노벨상의 역할에 대한 재검토가 필요하지 않을까? 어쨌든 잊혀지기 쉬운 과학자 중 한 사람, 프랑클린에 대해서 살펴보기로 하자.

프랑클린은 1920년 7월 25일 런던에서 태어났다. 브레스라우로부터 이주해 온 유태계의 조상을 갖는 그녀의 부친은, 노동자학교의 경영에 힘을 쏟아 마지막에는 그 학교의 부교장을 지냈다. 그는 로자린드가 사회봉사로 마음을 돌리도록 바랐었다. 그러나 그녀는 아버지의 뜻에 반하여 과학자로의 길을 택했다.

부친도 본래는 과학자를 지망했었을 정도였으므로, 만약 로자린드가 사나이었더라면 과학자의 길을 걷겠다는 데에 쌍수를 들고 환영했을 것이다. 그렇게 생각하고 보면, 소녀 시절의 프랑클린은 여성이기 때문에 희망하는 직업에 동의를 얻지 못한다는 게 큰 불만이었다. 그러나 그녀는 자신의 의지를 관철했다.

프랑클린은 1938년에 케임브리지대학에 입학하여 자연과학 교육을 받게 되었다.

프랑클린은 대학에서도 여성 차별의 관습이 있는 것을 알았다. 보수적인 케임브리지대학에서도 1947년 이래는 여성에게 학위를 수여하게 되었지만, 이 학위의 효용이 남성의 경우와 동등하지 않았다. 모교의 운영권에 관여할 자격도 주어지지 않았다. 장학금에 대해서도 실질적인 차별이 있었다. 남성이라면 결혼 후에도 그것이 정지되지 않았으나, 여성이 결혼하면 장학금을 상실하는 것이 실정이었다. 게다가 그녀가 보는 바로는, 지도교수는 토론을 좋아하는 유의 여학생, 이를테면 프랑클린을 좋아하지 않는 듯했다.

이런 체험은 아마도 그녀 한 사람만의 것은 아니었을 터였다. 시간과 장소를 달리하는 현재의 일본에서도, 지적 직업을 지망하는 여성은 비슷한 쓴 체험을 되풀이하며, 대부분은 좌절하여 소녀 시절의 꿈을 잃어간다. 그런 가운데서도 졸업 후 그녀는 영국 석탄이용연구협회(CURA)의 보조연구원으로 들어가서, 석탄의 미세구조에 관한 연구에 종사하면서 1945년에는 박사학위를 취득할 수 있었다. 그리고 부친도 그제야 과학자로서의 그녀의 성장을 인정하면서 부녀간의 대립도 해소되었다.

1947년 2월, 프랑클린은 파리로 향했다. 케임브리지 시절에 알게 된 바일(나치의 수중에서 도망쳐 나온 금속학자)의 소개로 화학 업무 중앙연구소에 자리를 얻었다. 그 후 1950년까지 거기에 머물면서 주로 석묵의 결정구조에 관한 연구를 추진하여 X선 회절의 이론과 기술을 습득했다.

파리에서의 4년간은 한 사람의 인간으로서 그녀에게는 가장 행복했던 시절이다. 몇 사람의 친한 벗과 더불어 스키, 등산, 피크닉을 즐기기 위해 멀리까지 나가기도 하고, 입에 침을 튀기면서 토론을 즐기기도 했다. 리더격인 메링은 오빠처럼 친절했고 상대인 루자티(V. Luzatti)는 논적인 동시에 인간적인 매력을 느끼는 사이이기도 했다.

1950년이 되어 킹스 칼리지 생물물리학 부문의 란달(J. T. Randall)로부터 런던으로 오라는 권고를 받았다. 그녀는 이때 무척 망설였을 것이 틀림없다. 그러나 아마도 DNA라고 하는 생물학적으로 중요한, 그러나 결정학적으로는 거의 밝혀지지 않은 물질에 대한 매력이 그처럼 살기 좋던 파리로부터 프랑클린을 떼어 놓았다.

이 결단은 생물학의 역사상으로는 분명히 행복한 일이었지만, 그녀 개인에게는 반드시 행복한 일이었다고는 말할 수 없다. 후년에 많은 생물학자와 생물학사가들의 화젯거리가 된 '윌킨스와 프랑클린의 문제'가 시작되는 것이다.

분자생물학사에 대한 영향을 별도로 한다면, 이 일은 연구상의 세력권을 둘러싼 과학자들 사이의 불화라고 하는 흔히 있는 사건에 불과하다. 그러나 흔히 있는 사건이야말로 연구자들의 세계의 진실을 자주 엿보여 준다.

란달이 프랑클린에게 보낸 12월 4일자의 편지에는 "X선의 실험적인 일에 관하여, 당장은 당신과 고슬링(R. G. Gosling : 대학원생)만이 담당하고, 시라쿠사대학을 나온 헤라 부인이 일시적으로 협력하게 될 것입니다"라고 쓰여 있었다. 그는 X선 회절의 전문가로서의 프랑클린의 능력을 높이 샀던 것이다. 프랑클린은 란달의 편지를 읽고 자기가 이 테마의 연구에서 리더로서의 대우를 받을 것이라고 생각했음은 당연했다. 그렇기 때문에 파리의 자리를 버릴 결심이 섰을 것이다.

1951년 1월, 그녀는 의욕을 불태우며 킹스 칼리지에 착임했다. 윌킨스는 고슬링과 더불어 DNA의 X선 회절에 관한 작업을 그 전부터 시작하고 있었는데, 이 방면에서 그의 기량은 충분하지 못했다. 프랑클린보다 4살 연상인 윌킨스는 전쟁 중에는 맨해튼 계획에 참가했고, 캘리포니아대학에서 우라늄 동위원소를 분리하는 일에 종사한 후 킹스 칼리지로 온 물리학자였다. 그런데 공교롭게도 프랑클린이 킹스에 착임했을 때 윌킨스는 샤가프의 연구소를 방문 중이어서 거기에는 없었다.

M. H. F. 윌킨스

윌킨스의 입장에서 본다면, 돌아와 본 즉 자기를 제쳐놓고 프랑클린의 페이스로 사태가 일변해 있는 것에 깜짝 놀랐다는 이야기가 된다. 란달과 윌킨스 사이에 미리 어떤 타협이 이루어져 있었는지는 전혀 아는 바가 없다. 앞에서 인용한 편지에서 란달은, 주된 관계자들과 상의한 뒤에 이 편지를 썼다고 말하고 있으므로, 그것을 그대로 신용한다면 프랑클린이 이 연구의 중심자가 된다는 걸 윌킨스도 양해하고 있었다는 것이 된다. 왓슨이 쓴 『이중나선』에는 윌킨스가 그녀에게 대해 불평을 말하는 장면이 여러 번 등장한다. 그것으로부터 명백한 건 윌킨스는 자신의 연구를 기술적인 면에서 거들어 줄 조수로서의 역할을 프랑클린에게 기대하고 있었다는 사실이다. 이 기대만큼 그녀에게 불만인 것은 없었다. 두 사람 사이의 감정의 골은 깊어져만 갔다. 프랑클린 쪽 입장에서 보면 대등한 능력을 지녔으면서 노력을 아끼지 않는 사람을 여성이기 때문에 남성보다 한층 낮은 자리에다 두려고 하는 사회적 습관에 대한 반감이 있었던 것은 의심할 바 없다.

'윌킨스와 프랑클린의 문제'에 대해서는 두 사람에게 모두 책임이 있으며, 두 사람이 모두 악인이 아니었다고 하는 추상적인 결론에 모든 설이 일치해 있다. 그러나 몇몇 남성의 논조는 여전히 편견으로부터 해방되어 있지 않은 듯하다고 생각된다. 게다가 때로는 악의마저 내포하고 있는 것으로 느껴진다. 미국의 작가 세이어(A. Sayer: 여성)가 쓴 프랑클린의 전기 『로자린드 프랑클린과 DNA』에 대한 몇몇 남성들의 비판에서도 차원의 저질성이 노골적으로 드러나 있어서 비판자와 같은 남성인 나로서는 유감으로 생각한다.

F. H. 포튜갈과 코언(J. S. Cohen)은 『DNA의 1세기』에서 세이어에게 다음과 같이 지적한다.

첫째로 세이어는 윌킨스와 프랑클린의 알력의 원인을 프랑클린이

D. M. 호지킨

여성이었다는 점에다 돌리고 있다. 그러나 X선 결정학의 분야에는 많은 여성이 관여했고, 호지킨(D. M. Hodgkin)과 같은 노벨상 수상자(1964년 화학상)도 나와있다. 둘째, 세이어는 킹스 칼리지에는 남성 연구자용의 쾌적한 식당이 마련되어 있는 반면, 여성 연구자는 학생 식당을 이용하지 못함을 여성 차별의 예로 들며 비난하고 있다. 하지만 윌킨스는 이 건에 대해선 책임이 없다. F. 후세인도 『New Scientist』지에서 세이어에게 비판을 가하고 있다. 그에 따르면 세이어는 킹스의 생물물리 부문에는 여성이 두 사람밖에 없었다고 주장하고 있지만, 사실은 일곱 사람이 있었다. 또 프랑클린의 남성을 향한 공격성은 그녀의 폐소공포증에 의한 것이라고 말한다.

다음은 포튜갈의 지적에 대한 나의 의견이다. 일본에는 여성 연구자가 적지 않다. 그중에는 나카네 씨와 같은 훌륭한 연구자도 있다. 그런데 이것이 일본 학계에서의 여성 차별을 부인하는 논거가 될 수 있을까?

식당에 관한 것은 확실히 윌킨스에게만 책임이 있는 것이 아니다. 그러나 이 사태는 개선되어야 한다는 생각을 만약 그가 강하게 갖고 있었더라면 그에 대한 프랑클린의 태도는 달라지지 않았을까? 세이어는 프랑클린이 여성이기 때문에 품지 않을 수 없었던 심리적 배경의 한 예로 식당의 경우를 든 것에 불과하다. 두 사람이 아니고 일곱 사람이라고 하는 말꼬리 잡기에 관여할 만한 지면은 없다. 마지막으로 프랑클린에게 약한 폐소공포증이 있었다는 것은 세이어가 먼저 밝힌 사실이다. 프세인은 얼씨구나 하고 이것에 매달렸지만, 이 발상법은 흑인 폭동의 원인을 뇌질환에서 찾는 사상과 흡사한 것이라고만 말해 둔다.

윌킨스와 프랑클린의 문제에 너무 많은 지면을 할애했는지 모른다. 다음으로 DNA 분자구조 결정에서의 그녀의 역할에 대해서 간단히 언급해 두기로 하자. 프랑클린은 1951년 가을에 DNA의 B형 결정을 얻어, 그 X선 회절상에 바탕하여 DNA 분자가 나선구조를 가지며, 인산기가 그 바깥쪽을, 염기가 안쪽을 차지하고 1피치당 2~4개의 뉴클레오티드가 존재한다는 예측을 이미 하고 있었다. 그런데 그녀는 그 후 1953년 초까지 연구 재료를 A형으로 옮기면서 얼핏 보기에는 나선구조에 대해서 회의적이 된다. 본래 A형은 B형에다 비교하면 X선 회절법으로는 나선구조를 동정(同定: 화학적 분석과 측정 따위로 해당 물질이 다른 물질과 동일한지 여부를 확인하는 일 또는 그 물질의 소속과 명칭을 정하는 일) 하기가 어렵다.

그 기간 동안 프랑클린의 본심에 대해서는 논의가 갈라진다. 첫째는 일관하여 나선구조설을 견지하고 있었다고 하는 주장, 둘째는 B형의 나선구조는 인정하지만 A형에 대해서는 회의적이었다고 하는 견해, 세째는 두 형의 어느 것도 신뢰하지 않으며 나선설에 의심을 품고 있었다고 하는 의견이다. 그 어느 것이 옳은지 여기서 판단을 내리려고 생각하지는 않지만, 영국의 과학사가 올비(R. Olby)가 『이중나선으로의 길』에서 말하고 있듯이, 나선설 자체에 대한 부인과 나선설의 실증적 증거가 충분하지 않다고 하는 비판은 구별되어야만 한다.

어쨌든 간에 1953년 2월 10일에 프랑클린은 다시 B형의 연구로 되돌아오고, 동시에 그녀의 입장은 나선설로 굳혀져 간다. 한편 왓슨과 크릭은 2월 28일에 DNA 분자 모형을 완성했다. 그리고 그 무렵 프랑클린은 A형에 대해서도 염기를 안쪽에다 두는 이중나선설에 도달해 있었다. 그러므로 그녀는 왓슨과 크릭의 모형을 보고 한눈에 이것에 전적으로 동의할 수 있었던 것이다.

물론 프랑클린은 대체적인 예측에만 성공했을 뿐, 미세한 점까지 완성된 모형을 얻고 있었던 것은 아니었기 때문에, DNA 분자구조 결정의 선취권은 당연히 왓슨과 크릭에게 돌려진다. 그렇지만 왓슨과 크릭의 모형 공표를 가능하게 했던 것은 프랑클린과 같은 연구를 추진하고 있었지만 독립적으로 병행 중이었던 윌킨스의 애매한 회절장이 아니다. 바로 프랑클린의 사진과 데이터였다.

프랑클린의 성과는 견원지간인 윌킨스의 손으로 건너갈 턱이 없었고, 따라서 왓슨과 크릭의 손에 들어갈 리도 없었다. 그런데도 불구하고 그들은 프랑클린이 알아채지 못한 사이에 그녀의 사진과 데이터를 알 수 있었다. 그렇게 된 데에는 윌킨스가 프랑클린이 없는 사이에 사진을 몰래 빼내어 복사했기 때문이었다. 왓슨은 그 사진을 보고 모형 제작의 최종적인 단계로 들어갈 결심을 굳혔다.

또 하나의 루트는 1952년 12월에 열렸던 의학연구협의회의 생물물리위원회였다. 이 석상에서 란달은 프랑클린의 데이터를 배포했다. 크릭의 상사인 페루츠(M. F. Perutz)가 이것을 입수하여 란달에게는 상의도 없이 크릭에게 건네주었다. 그렇기 때문에 왓슨과 크릭은 이 데이터에 비추어서 자기들의 모형을 완전하게 검증할 수 있었던 것이다.

얼마 후 프랑클린은 버날(J. D. Bernal)의 주선으로 버크배크 칼리지로 옮겨가서 주로 담배 모자이크 바이러스(TMV)의 구조 연구에 착수하게 되었다. TMV가 속이 빈 나선기둥인 것임을 확정하고 그 파라미터를 발견한 것은 그녀의 공적이다.

불행하게도 그녀는 1956년 봄에 자신이 암에 걸렸다는 사실을 알았다. 두 번의 수술에도 불구하고 서서히 증상이 진행되었다. 프랑클린은 불안과 동요를 잘 느끼지 않으려 하며 강한 의지로서 억제했다. 그 동안 그녀는 육친과 친구들 앞에서는 무척 즐거운 듯이 행동했다. 그녀는 자신의 죽음이 예정된 그 달에 새로운 연구 과제에 착수하기조차 했다. 그것은 폴리오 바이러스에 대한 연구였다.

육체적인 고통이 격화하고 죽음의 그림자가 시시각각 다가오고 있을 때도, 일부러 우스꽝스러웠던 에피소드를 회상하면서 웃으려고 했다. 이미 식사도 받아들이지 못하고, 고개조차 들지 못하는 그녀에게

문병 온 친구가 3살짜리 자기 아들의 에피소드를 말하자, 프랑클린은 놀랍게도 깔깔대며 웃기까지 했다. 그 며칠 후에 그녀는 이승을 떠났다. 1958년 4월 16일, 37살이었다.

6. 대발견을 하고서도 두 번이나 놓쳐버린 상

졸리오 퀴리 부부

이레느 퀴리(I. Curie)는 1897년에 유명한 퀴리 부부, 피에르(P. Curie)와 마리(M. S. Curie)의 장녀로 태어났다. 이같이 위대한 과학자 부부의 자식으로 태어난다는 것이 본인에게 과연 행복한 일인지, 불행한 일인지는 각자의 경우에 따라서 구구할 것이다. 이레느의 경우는 끊임없는 노력을 통해 양친과 비교해도 조금도 손색이 없는 훌륭한 업적을 올렸다.

실제로 획득한 노벨 화학상은 따로 치더라도, 그 외에 두 번씩이나 획기적인 발견을 했으면서도, 그 발견에 대한 대상의 확인을 다른 사람에게 가로채여 노벨상을 놓쳤다. 이러한 사실은 이레느와 그의 남편이자 공동연구자이기도 했던 프레데릭의 연구가 항상 온 세계 과학자의 선두에 서 있었다는 사실을 단적으로 가리키고 있다. 어머니에게서 물려받은 남에게 지지 않으려는 선천적인 성질과, 양친의 명성에 압도당하지 않으려는 유달리 강했던 그녀의 오기가 이 외곬으로의 정진과 노력을 지탱하고 있었는지 모른다.

I. 퀴리

J. F. 퀴리

이레느는 파리대학을 졸업한 후 바로 퀴리연구소의 소원으로 들어가 양친의 뒤를 이어 원자핵 관계의 연구에 착수했으며, 1928년에는 어머니의 조수이던 잔 프레데릭 졸리오(J. F. Joliot)와 결혼했다. 프레데릭은 1900년생으로 1925년 이래 이레느의 어머니 마리 퀴리의 조수로 있었는데, 이 결혼 이후 오랜 세월에 걸쳐서 부부는 원자핵 실험의 공동 연구자로서 노력하는 길을 함께 걸어가게 된다.

젊고 재능과 의욕에 넘치는 이 졸리오 · 퀴리 부부는 당시의 가장 새로운 연구 테마였던 원자핵에 대해서, 그 구조와 성질 등 어떠한 지식이 얻어질 만한 새로운 실험을 항상 찾고 있었다. 두 사람이 최초의 노벨상에 아주 가까이 다가선 것은 결혼 후 수년이 지난 1931년의 일이었다.

P. 퀴리

M. 퀴리

우선 첫째로, 이보다 한 해 전인 1930년에 보테(W. Bothe)와 베커(H. Backer)가 베릴륨을 알파선(α선: 헬륨원자핵)으로 충격하면 매우 기묘한 새로운 방사선이 발생한다는 것을 확인했다. 베릴륨선이라고 명명된 이 방사선의 특징은 투과력이 매우 강하고, 두께 수 cm의 놋쇠벽을 쉽게 투과하며, 또 그동안에는 거의 감속을 하지 않았다.

이 신종 방사선은 금방 모든 원자핵 연구자들의 실험 연구의 대상이 되었는데, 그중에서 눈부신 성과를 거둔 것이 졸리오·퀴리 부부였다. 부부는 파라핀덩어리와 그 밖의 수소를 함유하는 물질에 이 방사선을 충돌시키면 베릴륨선의 발생이 멎어지고, 그 대신 양성자(수소원자핵)의 강한 흐름이 발생한다고 하는 흥미로운 사실을 발견했다. 또 부부는 이 양성자의 에너지를 측정하여 베릴륨선의 에너지를 계산할 수 있었는데, 그것은 매우 큰 값이었다. 이들의 훌륭한 실험 결과는 실은 베릴륨선의 정체를 확인하기 위한 가장 중요한 실마리였었는데, 이 실마리를 효과적으로 사용하여 결국 노벨상을 획득한 것은 영국의 체드윅(J. Chadwick)이었다.

정지해 있는 1개의 입자에 다른 1개가 날아와서 충돌하는 경우, 두 입자가 각각 어떤 상태로 튕겨지느냐는 것은 2개의 질량비에 따라서 여러 가지로 달라진다. 아주 특별한 양상을 보이는 것은 두 입자의 질량이 같을 경우다. 이때는 날아온 입자는 완전히 멎어지고, 그 대신 표적이 되었던 입자 쪽이 튀어 나간다. 즉 두 입자가 뒤바뀌어지게 된다.

이 꽤나 초보적인 충돌 이론과 졸리오 퀴리 부부의 실험 결과를 비교해 본 체드윅은, 베릴륨선의 정체는 양성자와 질량이 같은 입자일 것이라고 추단했다. 그리고 또 투과력이 매우 큰 것은 이 입자가 전기적으로 중성이며, 다른 원자핵으로부터 전기적인 인력과 척력을 받지 않기 때문이라고 생각했다. 그가 이같이 쉽게 결론에 도달한 데는 그만한 이유가 있다. 그의 스승이며 원자핵 연구의 선구자였던 러더퍼드(E. Rutherford)가 1920년에 이미 이같은 입자, '중성자'의 존재가 원자핵의 구성에 있어서 필수적이라 예고하고 있었던 것이다. 대물리학자 러더퍼드가 예언한 이 입자가 많은 사람들에 의해서 탐색되었으나, 전기를 띠지 않아 다른 입자와는 서로 작용하지 않는 입자를 발견하는 것은 어려운 일이었다. 이것을 러더퍼드가 가장 사랑하는 제자이던 체드윅은 잘 알고 있었다. 그리고 체드윅은 금방 이 추측을 실증하는 실험에 착수하여 예기했던 대로 이 입자가 양성자와 같은 질량임을 확인했다.

이 보고를 접한 프레데릭 졸리오는 "우리가 10년 남짓 전에 이 러더퍼드의 강연 내용을 알고 있었더라면" 하고 한탄했으나 이미 행차 뒤의 나발격이었다. 그러나 부부는 곧 또 새로운 원자핵 실험에 착수한다.

J. 체드윅

중성자 발견의 중요성의 첫째는, 중성자가 양성자와 더불어 원자핵의 구성 요소라는 점이며, 둘째는 전기를 띠고 있지 않기 때문에 전기적 척력을 받지 않고서 자꾸 핵에 부딪쳐 갈 수 있다는 점이다. 이 때문에 원자핵의 구조가 밝혀지게 되는 동시에, 중성자는 또 원자핵의 충격과 파괴 실험에 효과적인 탄환으로 이용되게 되었다.

이레느와 프레데릭은 알파선이나 이 중성자를 탄환으로 사용하여 원자핵의 충격 실험을 끊임없이 반복한 끝에, 이때 방사성을 갖는 원자핵(즉 파괴되기 쉬운 불안정한 원자핵)이 인공적으로 만들어진다는 것을 확인했다. 이 획기적인 연구로 1935년에 노벨 화학상을 부부가 함께 수상하게 된다.

기연이라고나 할까, 이것은 체드윅이 중성자의 발견과 그 성질의 연구로 노벨 물리학상을 수상한 것과 같은 해였다. 부부의 수상 이유는

'공동으로 한 방사성 물질의 인공적 생성에 대하여 연구'했다는 것이었다. 체드윅에게 일단 뒤쳐졌다가도 금방 자리를 되찾아 같은 해의 수상으로 끌고 갔다는 건 부부에게는 크게 만족할 만한 일이었을 것이다. 그러나 한편으로는 중성자를 확정하여 또 하나의 노벨상을 탈 수 있었을 것을 일보 직전에서 놓쳐 버렸다고 하는 일말의 아쉬움과 분함도 없지 않았을 것이다.

어쨌든 온 세계의 유능한 실험물리학자들이 다투어 원자핵의 충격·파괴 실험에 집중해 있던 당시의 일이다. 자칫 한 순간이라도 방심하면 다른 누군가가 한 걸음 앞서서 중요한 결과를 발표해 버릴는지도 모를 치열한 경쟁시대였다.

이런 일을 역력히 엿보게 하는 것이 그로부터 바로 3년 후, 이레느가 다시 새로운 발견을 하고서도 또 다른 연구자에게 이름을 떨칠 기회를 내준 사건이다. 이번 주제는 인류의 미래에 있어서 최대의 충격이 될 것으로 예상되는 현상, 그리고 그 영향이 얼마나 클 것인지 당시로서는 예측조차 할 수 없었던 현상, 즉 '핵분열'이었다.

이 핵분열 문제는 이탈리아의 페르미(E. Fermi)가 노벨 물리학상을 수상한 연구에서 발단하고 있다. 페르미의 연구에 대한 좀 더 상세한 내용에 관해서는, 이 책의 페르미의 항목에서 다루고 있기 때문에 반복할 필요가 없을 것으로 생각한다. 때문에 여기서는 졸리오 퀴리 부부와의 관련, 특히 시간적인 전후관계를 명확히 하는 면에서 다루어 보기로 한다.

졸리오 퀴리 부부가 그들에게 수상의 영예를 안긴 인공 방사능 물질을 만들어 냈다는 것을 발표한 것은, 1934년 1월 15일 파리 과학학사원에 제출한 보고에서였다. 이 실험에서 알루미늄(의 원자핵)을 알파선으로 충격하여 원자핵반응을 일으킨 결과, 인과 중성자가 생성되었다고 했다. 그런데 이 안은 불안정한 동위체라 금방 양전자선을 방출하여 규소로 바뀌어 버리는 것이었다. 이 획기적인 성과가 일단 발표되자, 수많은 실험물리학자가 마찬가지의 새로운 실험을 찾아서 여러 나라에서 일제히 실험을 펼치게 되었다.

그 가운데서 졸리오 퀴리 부부조차 뒤로 젖히고 선두에 나선 사람이 페르미다. 그는 재빠르게도 3월 25일자로 플루오르와 알루미늄에 대해서 얻어진 결과를 보고했다. 그뿐만 아니라 그는 이 충격용 탄환으로는 알파선보다도 중성자 쪽이 훨씬 적당하다는 것을 곧 간파하여, 조직적으로 92종류의 모든 원소를 모조리 중성자로 충격하여, 그 결과를 조사하는 일련의 대규모 실험을 시작했던 것이다. 그리고 최대의 문제가 되었던 건 92번째의 원소 우라늄을 충격했을 때에 무엇이 얻어지느냐고 하는 것이었다.

페르미는 처음부터 93번째의 미지의 원소가 얻어지는 것이 아닐까 하는 가능성을 예상하고 있었다. 인간으로서 처음으로 미지의 새 물질을 만들어 내어 창조주가 된다는 건 가슴 설레이는 일이었을 것이다. 페르미는 신중히 이 생성물을 조사하여 소거법에 의해서, 그것이 92번의 우라늄에서부터 86번의 라돈까지 사이의 어느 원소도 아니라는 것을 차례로 확인해 나갔다. 거기서 그는 이것이 역시 새 원소인 게 틀림없다고 생각했던 것이다.

1934년 5월 10일의 보고에서 그는 재빠르게도 우라늄을 충격했을 때의 결과를 언급했다. 거기서는 신중히 새 원소의 가능성을 시사하는 정도로 그치고 있다. 그리고 수년의 신중한 실험을 반복하는 동안에 그는 차츰 확신을 굳혀 갔다. 그의 추론은 결코 틀리지 않았으며 이 새 원소는 실제로 만들어지고 있었을 터이지만, 다만 매우 불안정하여 방사선을 방출하고는 순간적으로 파괴되어 버리며 또 매우 생성되기 어려웠다. 따라서 그가 조사하고 있던 생성물은 전혀 다른 원인에 의하는 것, 즉 충격의 결과 우라늄핵이 거의 둘로 딱 갈라져서 생긴 중간 정도의 원소라고 하는 예측조차 할 수 없었던 것이었다.

독일의 화학자 노닥(W. K. F. Nodack)은 이 페르미의 결론을 처음부터 비판하면서 더 작은 원자핵이 생성되어 있을 가능성을 지적하고, 우라늄에 가까운 원소가 아니라는 점을 조사하는 것만으로는 안 된다고 주장했지만, 이 주장은 거의 아무런 주목도 끌지 못했다.

이때 이 의견을 채택하여 실험, 검토해 보려고 착상한 사람이 이레느 졸리오 퀴리로서 그녀는 사비치(P. Savitch)를 공동연구자로 하여 이 복잡한 실험을 반복했고, 마침내 이때에 만들어지는 원소가 란탄 계열과 비슷한 화학적 행동을 한다는 결론에 도달했다.

한편 독일의 한(O. Hahn)은 이레느의 실험 결과를 듣고는, 이 결론은 틀린 것이며 이런 일이 있을 턱이 없다고 믿었다. 그는 로마의 화학회의에서 만난 프레데릭 졸리오에게 자신이 이 실험을 다시 해 보고 오류라는 것을 증명하려 한다고 생각 중이라는 것을 전했다. 한은 동료인 슈트라스만(F. Strassmann)과 함께 실험에 착수했는데, 이 두 사람의 훌륭한 화학분석가는 최초의 예상과는 달리 도리어 이레느가 옳았다는 사실을 실증하고 말았다. 그들은 우라늄으로부터의 생성물 중에 56번의 바륨과 42번의 몰리브덴을 발견하여 1938년 12월에 그것을 발표했고, 프랑스의 졸리오에게도 곧 그 논문을 보냈다.

1월에 이것을 받아 본 졸리오는 이 한의 결과가 최종적으로는 바륨과 몰리브덴이 남아 있다는 것을 지적하는 데 불과하다는 것을 알았다. 그래서 우라늄이 분열해서 거기서부터 바륨이 직접 맹렬한 기세로 튀어나온다는 것을 보여주는 교묘한 실험을 고안하여 실행해 보였으나 이미 때가 늦었었다. 제2차 세계대전 때문에 노벨상 수여가 한참 동안 두절되었는데, 그사이에 이 핵분열은 미국으로 망명한 페르미에 의해서 재검토되어 원자폭탄 개발의 수단으로 발전했다. 그리고 한은 이 발견에 의해서 1944년의 노벨 화학상을 수상했다. 그러나 결국인 즉 이 문제에 대해서 한에 못지않은 공헌을 한 사람은 졸리오 퀴리 부부였다.

과학자로서 부부가 더욱 비참했던 것은, 얼마 후 유럽이 제2차 세계대전의 전쟁터가 되고, 조국 프랑스가 나치스 독일에 점령되어 연구를 중단하지 않으면 안 되었다는 점일 것이다. 수년 후에 평화가 다시 찾아왔지만 역시 너무 때가 늦었다.

전쟁 전에는 유럽에 비하면 과학적 후진국에 지나지 않았던 미국은, 유럽으로부터 많은 우수한 망명 과학자를 받아들였다. 또 미국은 풍부한 경제력을 바탕으로, 차츰 거대화해 가는 현대과학의 실험장치를 이들 학자에게 제공하여, 전후의 황폐한 유럽으로는 도저히 맞설 수 없을 만한 과학적 선진국으로 변모했다.

부부는 그 후에도 프랑스의 과학 재건을 위해서 헌신적으로 활동하며 중요한 역할을 수행하고 후진 양성에도 힘을 썼으나, 이레느는 1956년에, 프레데릭은 1958년에 둘 다 60이 못 되어 세상을 떠났다. 오랜 세월 동안 연구 대상이었던 방사선이 부지불식간에 두 사람의 건강을 좀먹고 있었던 것이 아닐까 하는 생각이 든다. 수많은 뛰어난 연구 업적을 남겼으면서도 어딘가 비극적인 그림자가 스며있는 듯한 두 사람의 생애이다. 물론 부부 자신은 자기들의 생애에 대해서 조금도 후회나 의심을 갖지는 않았을 것이다.

7. 제1차 대전이 지워버린 원자번호 발견의 영예

H. 모즐리

노벨상은 독창적인 연구에 주어지는 것이 본래의 취지이지만, 이론이나 방법에서 연관성이 있는 몇 가지 업적에 잇달아 주어지는 경우도 있다. 그 대표적인 예가 'X선'을 사용한 연구에 대한 시상일 것이다. 제1회 물리학상을 뢴트겐(W. K. Rontgen, 1901년)이 수상한 이후, 라우에(1914년), 브래그 부자(1915년), 바클라(C. G. Barkla, 1917년), 시그반(K. M. G. Siegbahn, 1924년)으로 이어졌고, 이후는 화학상에 데바이(P. J. W. Debye, 1936년), 페루츠와 켄드류(J. C. Kendrew, 1962년), 호지킨(D. M. Hodgkin, 1964년)이 이름을 잇고 있다. 의학 · 생리학상의 멀러(H. J. Muller, 1946년)도 이 리스트에 첨가해도 될 것이다.

이들의 업적은 모두가 각 분야에서 탁월한 것이기는 하지만, 마땅히 수상했어야 할 '그'의 이름이 빠져 있어서 이 리스트는 도저히 완전하다고는 말할 수 없다. 그러나 '그'의 이름이 빠진 것은 선고위원회의 식견이 부족해서가 아니다. 그가 너무도 젊은 불과 27세의 아까운 나이로 무참히 죽어 버렸기 때문이다.

H. G. J. 모즐리

자연과학 관계의 노벨상은 생존해 있는 사람에게 대해서만 주어진다. 이 규정이 '그'에게는 최대이자 또 유일한 장애가 되어 버렸다. 만약 이 규정이 없었더라면 갈릴레이(G. Galilei), 뉴턴, 라부아지에 등 과거의 거인들이 몇 해 사이에 온통 상을 휩쓸어 버렸을는지도 모를 것이기 때문에 부득이한 규정이기는 하다. 하지만 그는 그런 과거의 인물이 아니다. 그의 중요한 업적은 1913~14년 사이에 이루어졌다. 적어도 2~3년만 목숨이 더 길었더라면 '원자번호의 발견'이라고 하는 빛나는 '그'의 업적에 대해서 노벨 물리학상이나 화학상이 주어졌을 것이 틀림없다. '그'야말로 노벨상의 그늘에 가리워져 버린 채 영영 빛을 볼 수 없었던 가장 불운한 과학자이다.

'그' 모즐리(H. G. J. Mosely)는 옥스퍼드대학의 인류학 교수였던 아버지와 4살 때에 사별했지만, 역시 학자 계통 집안의 어머니 밑에서 자라 이튼학교를 거쳐 1910년 옥스퍼드대학(물리학 전공)을 웬만한 성적으로 졸업했다.

원자의 구조가 해명되려 하던 시기에 과학자로서 출발한 젊은이들은 행운이었다. 그들을 매혹케 하는 연구의 중심지는 여러 곳에 있었다. 퀴리 부부가 있는 파리, 좀머펠트(A. Sommerfeld)와 뢴트겐이 있는 뮌헨, 톰슨(J. J. Thomson)이 있는 케임브리지, 그리고 러더퍼드가 있는 맨체스터 등이었다. 모즐리가 가장 세게 끌렸던 곳은 맨체스터의 러더퍼드였다.

러더퍼드의 지도로 모즐리는 방사능의 연구를 시작했다. 연구자로서의 출발은 오히려 평범했다. 기본적인 기술을 습득하고 두세 편의 논문을 발표하기는 했었지만, 동료인 마스딘(E. Marsden), 가이거(H. Geiger), 파얀스(K. Fajans)들에 비해서 특별히 걸출한 업적을 올린 것은 아니었다. 1912년 가을, 모즐리는 주문한 장치가 독일로부터 도착하지 않았기 때문에 약간 하릴없이 소일하고 있었다. 그때 러더퍼드의 연구실로 라우에가 X선의 회절상을 얻어서 그 해석에 성공했다는 새로운 뉴스가 전해졌다. 이 새로운 발견을 둘러싸고 온 세계에서 논의가 들끓었다. 이것에 추격이나 가하듯이 브래그 부자가 결정의 회절상으로부터 결정 내의 원자 배열을 알 수 있게 되었다는 보고가 잇달았다. 암염(岩鹽: 천연으로 나는 염화나트륨의 결정)의 결정구조를 밝힌 브래그 부자의 유명한 논문은 1913년 10월에 발표되었다.

이들 성과와 연구실의 토론에 자극되어 모즐리는 X선과 X선의 본성에 대한 연구에 매력을 느꼈다. 그리하여 연구를 방사능으로부터 X선 쪽으로 전환하고 싶다고 신청하고 나섰다. 러더퍼드는 자신은 전혀 경험도 없을 뿐더러, 연구실의 테마로부터도 벗어나는 것인데도 불구하고 이것을 인정했다. 이것은 러더퍼드가 모즐리의 능력을 높이 평가하고 있었다는 좋은 증거이다.

이 결정은 쌍방에게 모두 다행한 일이었다. 모즐리는 전사하기까지의 얼마 안 되는 시간에 그의 이름을 불후의 것으로 만드는 업적을 마무리했다. 만일 연구 테마를 바꾸지 않고 있었더라면 방사능의 세계에서 이만한 정도의 일을 한정된 시간 내에 수행할 수 있었을까에 대해서는 매우 의심스럽다. 한편 러더퍼드는 그의 유핵(有核) 원자 모형과 그것의 발전이라고 할 수 있는 보어(N. H. D. Bohr)의 이론에 대한 가장 강력한 실험적 지지를 모즐리로부터 얻었던 것이다.

모즐리의 X선에 관한 2년이 채 못 되는 연구의 성과는 『Philsophical Magazine』에 발표한 '원소의 고진동수 스펙트럼'이라는 제목의 두 편의 논문이다.

그는 알루미늄에서부터 금에 이르기까지의 특성(特性)X선 스펙트럼을 측정하여 그 특성 흡수의 진동 수의 제곱근이, 주기표에 원소가 나타나는 차례를 가리키는 정수 N과 좋은 직선 관계를 가리킨다는 것을 인정했다. 그는 이 수가 단순한 차례가 아니라, 특성 스펙트럼의 기원이 되기에 걸맞는 원소 고유의 성질에 바탕하는 수가 틀림없으며, 이것이야말로 이미 그 존재가 확인되어 있는 원자가 갖는 양전하의 크기라고 정확하게 이해했다.

현재는 원자번호로 알려져 있는 이 정수 N이 원소의 여러 가지 성질을 규정한다고 하는 생각은 그때까지의 화학에는 없었던 새로운 개념이었다. 멘델레예프(D. I. Mendeleev) 이래, 원소의 성질을 규정하는 것

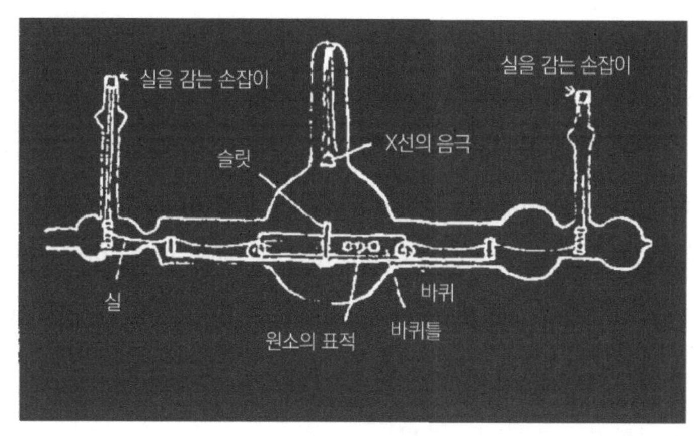

모즐리의 장치 개략도

은 원자량 A였다. 그러나 멘델레예프는 그의 주기표를 만들 때, 원소를 그 원자량의 순서로 배열하면 불합리한 경우가 생긴다는 것을 알고 있었다. 그럴 경우 그는 원자량이 아니라 그들 원소의 화학적 성질인 주기성에 따라서 배열했다. 하지만 왜 그런 일이 일어나는지는 멘델레예프가 주기표를 발표한 지 50년 후인 당시에도 수수께끼였다.

러더퍼드는 물질에 의한 알파 입자의 산란의 크기로부터 원자핵은 대체로 A/2에 같은 전하를 갖고 있다는 것을 알고 있었다. 특성X선을 발견한 바클라는 그 파장으로부터 각 원소의 전자 수가 대체로 A/2인 것을 확인했다. 그러나 과학자가 원자량 A에 집착하는 한, 지상에는 몇 종류의 원소가 존재하는지, 또 원소의 여러 가지 성질을 규정하는 건 무엇인지 하는 근본 문제가 미해결인 채로 남아 있게 된다.

모즐리의 방법이 미지의 원소를 발견하는 결정적인 무기가 될 것은 명백했다.

란탄 계열류의 권위자인 유르방(G. Urbain)은 '미발견의 72번 원소'라고 믿었던 시료를 모즐리에게 맡겼다. 불과 2~3일 동안에 모즐리는 이것이 기지의 원소에 지나지 않다는 것을 제시하여, 유르방으로 하여금 20년간의 노력을 헛수고로 만들어 낙담케 했지만, 동시에 새로운 방법의 우수성을 보여 주어 그를 감탄케 했다. 이리하여 모즐리는 멘델레예프의 주기표를 완성시켰고, 또 러더퍼드와 보어의 원자구조이론에 확고한 실험적 지지를 제공했다.

학자로서 겨우 첫발을 내디딘 모즐리의 운명을 뒤틀리게 한 것은 제1차 세계대전의 발발이었다. 학회에 참가하기 위해 오스트레일리아로 여행 중이던 그는 실험실로 돌아가지 않고 군에 복무할 결심을 했다. 프러시아의 군국주의는 세계 평화에 위협이 되는 것이라고 느꼈기 때문이다. 과거의 실험실 동료들도 잇달아 지원해 나갔다. 귀국하자 그는 바로 영국 공병대에 지원하여 통신장교로 임명되었다.

러더퍼드는 이 유능한 젊은 과학자에게 지원을 하지 말라고 설득했지만, 지원병 모집의 대캠페인 속에서 맨체스터대학의 젊은이들이 연달아 사라졌기에, 연구의 속행도 사실상 불가능하게 되었다.

1915년 초, 연합군 측은 다르다넬스 해협을 제압하고 곤경에 빠져 있는 러시아를 구하기 위해서 아주 무리한 작전을 계획하여 수행했다. 갈리폴리 침공작전이 그것이다. 여러 번에 걸친 상륙작전이 모조리 실패하고 마침내 오만오천 명의 전자사를 헤아려야 했다. 이 기록적인 대패로 끝난 결실없는 작전의 가장 비통한 한 토막은, 8월 9일에 모즐리가 소속된 여단이 전멸했다는 것이었다.

도대체 이 작전의 실패는 누가 책임을 져야 할 것인가? 작전은 1915년 4월부터 이듬해의 1월까지 계속되었다. 2월에 예비적인 공격을 실시했는데도, 상륙작전이 4월로 늦어졌기 때문에 그동안에 독일과 터키군의 방어체제가 굳혀져 버린 것이 실패의 원인이라 하고 있다. 그러나 4월과 6월에 혹독한 패배를 당하고서도 세 번째로 8월 작전을 강행했던 당시의 해군장관 처칠(W. L. S. Churchill)이야말로 모즐리의 전사를 불러온 가장 직접적인 책임자일 것이다.

마침내 처칠도 갈리폴리 침공에 실패한 책임을 추궁하는 비난에는 항거하지 못하고 해군장관을 사임하지 않을 수 없었다.

그러나 사임과 전사와는 큰 차이가 있다. 처칠은 2년 후에는 국방장관에 해당하는 자리로 되살아났고, 이후 영광의 길로 치달았다. 게다가 99.9%까지 노벨상을 손아귀에 넣고 있었던 모즐리를 죽음으로 몰아세웠으면서도 자신은 1953년 노벨 문학상을 수상했다. 운명이란 너무나도 가혹하고 아이러니컬하지 않는가.

W. L. S. 처칠

그러나 모즐리가 제1차 세계대전에서 살아남을 수 있었더라면 정말로 노벨상을 탈 수 있었을까? 이것을 점치는 좋은 재료가 브래그 부자 이후의 X선 관계 수상자들의 업적이다.

1917년의 바클라는 특성X선의 발견자이며, 모즐리도 그의 작업에다 기초를 두고 있는 것이 사실이다. 그러나 노벨상에 관한한 모즐리 쪽이 오히려 바클라보다 앞서 있었다. 1924년의 수상자 시그반을 소개한 노벨상 물리위원회의 위원장 굴스트란드(A. Gullstrand)의 소개 강연이 좋은 증거이다. 그는 말한다. "……상을 받기 전에 모즐리는 다르다넬스에서 전사했다. 그러나 그의 연구는 바클라의 업적에 대한 주목을 환기시켰고, 그 결과 바클라는 1917년의 수상자가 되었다……."

이것들을 아울러 생각해 보면, 살아 있었더라면 1917년에는 모즐리만이 수상했거나 적어도 그를 포함한 두 사람이 함께 수상했을 것이다.

1924년의 시그반의 경우는 더욱 분명하다. 방법론에서 시그반은 전적으로 모즐리에게 의존하고 있었다. 모즐리가 하다 남긴 원소를 모즐리보다 훨씬 정확하게 측정했다는 것이 수상 이유였다. 모즐리가 원자핵을 둘러싸는 전자의 궤도인 K 및 L계열을 사용한 것에 대해서, 시그반은 무거운 원소에 대해서는 M계열의 X선도 사용했는데, 이것은 모즐리의 연구 계획에 들어 있던 것이었다. 앞서 말한 소개 연설을 보면 시그반이 모즐리보다 수십 배나 더 정확한 실험을 했다는 것이 강조되고 있다. 그러나 모즐리로부터 10년 이상의 세월이 흘렀다고 치면 이 정도의 일은 오히려 당연한 것일 터였다.

그러므로 만약 모즐리가 1917년에 수상했더라면 1924년의 시그반의 수상은 없었을 것이다. 모즐리가 1917년에 상을 놓쳤다손 치더라도 1924년에 이 두 사람이 수상했을는지도 모를 일이다. 모즐리 혼자서 수상한들 이상할 것은 없었다. 더구나 이상의 추리는 모즐리가 1914년 이후 전혀 일을 하지 않았다고 가정했을 경우의 이야기이다.

모즐리의 무참한 죽음은 진정 러더퍼드를 경악케 했다. 모즐리를 전선으로부터 멀찌감치 떼어 놓으려고 노력을 거듭한 끝에 거의 성공을 보고 있던 차였기에 그에게 이 죽음은 더 없는 통탄사였다. 그는 "나의 제자 중에서 가장 우수했던 모즐리의 죽음은 과학에 있어서는 더 없이 중대한 손실이다"라고 하는 글을 『Nature』지와 온 세계의 제자들, 그리고 친지들에게 보냈다. 소식을 들은 시카고대학의 밀리컨(R. A. Millikan)은 "대전이 이 청년을 말살하는 이외의 아무 결과도 가져오지 못했다고 한들, 이것만으로도 이 전쟁은 역사를 통해서 가장 흉악하고, 가장 용서하기 어려운 죄악의 하나가 될 것이다"라고 분격했다. 모즐리의 죽음을 애도하는 소리는 적국에서도 높았다. 일찌기 맨체스터에서 공동연구를 했던 파얀스도 독일 제일류급의 과학잡지 『Naturwissenschaf ten』에 "그 죽음이 과학의 세계에 가장 깊은 슬픔을 가져다 준 드물게 보는 재능의 소유자"라고 마음으로부터의 조문을 썼다.

마지막으로 다시 한번 모즐리의 업적을 한마디로 평가해 보자. 1962년에 보어는 다음과 같이 말했다.

"……즉 러더퍼드가 한 일(유핵원자)은 실제로 중대한 발견으로는 받아들여지지 않았다. 지금으로서는 이해할 수 없고 전혀 관심을 끌지 못했으며, 전적이라고 해도 될 만큼 인용도 되지 않았다. (그런 시기에) 모즐리가 커다란 변화를 가져다 주었던 것이다."

모즐리의 넋도 이 말을 들으면 평안히 잠들 수 있을 것이리라.

8. 원자폭탄으로 이어진 미국 망명

E. 페르미

1938년 11월 10일 저녁, 로마에 있는 페르미(E. Fermi)의 집 거실에서는 전화가 요란스레 울렸다. 이 호출은 스톡홀름에서 온 것으로, 말할 것도 없이 스웨덴 왕립아카데미로부터 페르미의 노벨 물리학상 수상을 알리는 것이었다. 그러나 이 영광스런 기별에 귀를 기울이는 37세의 페르미의 표정은 결코 밝지 못했다.

이 전화가 걸려오기 직전에 들은 이 날의 라디오 뉴스는 유태인의 시민권을 제한하는 인종법의 성립을 알리고 있었다. 히틀러(A. Hitler)와 무솔리니(B. Mussolini)가 제휴한 결과로 이탈리아로 들여와진 법률이었다. 이 법률에 의하면, 유태인 아이들은 공립학교에서 축출되고, 유태인 상사(商社)의 대부분은 해산되며, 유태인 변호사나 의사는 유태인 이외의 손님을 받을 수가 없으며, 또 '아리안인종'들은 유태인의 하인이나 고용원이 되어서는 안 되었다.

페르미 자신은 유태계가 아니었지만, 총명하고 사랑스런 그의 아내 로라는 유태인계의 출신이었다. 따라서 그들의 두 아이들은 유태인의

E. 페르미

피를 이어받았다. 더구나 파시스트들이 지배하는 이탈리아의 사회적 분위기는, 하루가 달리 대학에서의 자유로운 연구생활을 허락하지 않는 경색된 분위기로 바뀌어 가고 있었다. 이미 이 나라에는 그들이 정착해서 행복하게 살아갈 곳이라곤 없었다.

페르미는 이해 여름 몰래 미국의 몇몇 대학으로 편지를 보내어, 그를 받아들여 줄 것인지를 막 확인했던 참이었다. 그리고 이미 다음 해에는 뉴욕의 컬럼비아대학으로 옮겨갈 채비를 갖추고 있었다. 물론 주위 사람들에게는 일시적인 체재일 뿐이라고 얼버무리고 있기는 했지만.

이 같은 사태 속에서 맞이한 노벨상 수상의 소식은 국외 탈출을 위한 절호의 기회를 제공해 주는 것이었다. 수상식에 참석하기 위해 가족 전원이 스톡홀름으로 갔다가, 식후 그대로 미국행 배에 올라타기만 하면 되었다. 이제는 일각의 유예도 없었다. 인종법이 성립된 이상 유태인의 패스트포트는 언제 그 효력이 정지될지 몰랐다.

그러나 이 같은 절호의 기회가 왔는데도 페르미 부부는 만감이 교착하며 안도와 고뇌 속을 왔다갔다 했다. 나머지 한 달 이내에 오랫동안 정들여 살던 고국 이탈리아를, 그리고 로마를 영원히 떠나야만 했기 때문이었다. 언제 다시 돌아올 날이 있을까? 오랜 세월에 걸쳐 만든 연구 시설도, 정든 가재도구도 모조리 버리고 가야 했다. 게다가 페르미 일가는 도망갈 수 있다고 하더라도 로라의 근친들은 이 나라에 머물러 있어야 했고, 페르미가 공들여 키워 온 유능한 젊은 연구자들도 모두 버려야 했다.

12월 6일의 추운 겨울날 아침, 스톡홀름으로 향하는 페르미 일가를 역까지 전송하러 나온 몇몇 절친한 친구들의 얼굴에는, 영예로운 수상을 축하하는 기쁜 표정이라고는 없었다. 비밀을 미리 듣고 알고 있던 그들은 한결같이 침통한 표정으로 말수도 적게 이별을 고할 뿐이었다. 그중 한 사람 아말디 부인은 페르미의 출발을 '젊은 연구자들에 대한 배반'이라고까지 하며 책망했다.

12월 10일의 시상식이 행해졌을 때 파시스트 계열의 신문은, 페르미가 파시스트식 경례를 하지 않고 국왕과 악수를 하는 '부르주아적 행동'을 취했다고 밉살스럽게 보도했다. 이탈리아의 신문은 이 시상식 기사에 대해서 아주 작은 지면밖에는 할

로라 페르미(좌)와 E. 페르미(우)

애하지 않았다. 이리하여 페르미 일가는 크리스마스와 설날을 배 위에서 맞이하고, 이듬해 1월 2일에는 미국에 상륙했다. 미국은 수년 후에 원자폭탄을 만들어, 원자핵 속에 숨겨진 엄청난 에너지를 해방하여 인류의 장래에 커다란 영향을 미치게 될 한 천재 물리학자를 맞아들였다.

페르미가 수상식을 마치고 망명의 길을 떠난 바로 그 무렵, 아이러니컬한 운명은 독일의 물리학자 한에게 한 가지 대발견을 이룩하게 했다. 이 발견은 1월 6일에 발표되었는데 이는 스웨덴 왕립아카데미가 페르미에게 노벨상을 수상하는 이유로 들었던 두 가지 항목 중의 하나가 부정확했다는 것의 증거가 되었다. 그것을 이해하기 위해서는 이 페르미의 업적에 대해서 약간의 해설을 해둘 필요가 있을 것이다.

아카데미가 든 두 가지 이유라는 것은 로라 페르미 '중성자의 충격에 의해서 만들어지는 방사성 새 원소를 확인한 공적'과 '이 연구에 부수하여 이루어진 느린 중성자에 의해서 실현되는 핵반응 발견의 공적'이다. 문제는 이 첫 번째의 항목인 새 원소가 확인되었느냐 어떠냐고 하는 점에 있다.

원자핵이 양성자와 중성자라고 하는 두 종류의 입자(통틀어서 핵자라고 한다)로써 구성되어 있다는 것은 잘 알려진 사실이며, 이들 입자의 개수의 차이에 따라서 여러 가지 원자핵이 만들어진다. 이들 핵자를 결합하고 있는 힘은 핵력이라고 불리는데, 핵력은 작용범위가 극히 좁아서 핵자끼리가 접촉할 만큼 접근하지 않으면 작용하지 않는다. 2개의 원자핵을 충돌시키면 이 핵력이 작용하여 핵자의 재조합이 이루어지고 새로운 원자핵이 만들어진다. 이 과정이 원자핵반응이라고 불리는 것으로 페르미와 그 연구그룹은 이 핵반응의 실험연구를 하고 있었다.

페르미가 한 중대한 발견은 느린 중성자를 다른 원자핵에 충돌시키면, 이 핵반응이 극히 일어나기 쉽다는 점이었다. 즉 중성자는 양성자처럼 대전해 있지 않기 때문에 쿨롱척력을 받지 않고 쉽게 다른 원자핵에 접근해 갈 수 있다. 이때 빠른 중성자를 충돌시키면 그것은 반응을 일으킬 틈도 없이 핵 곁을 통과해 버리지만, 만약 극히 느린 어슬렁거리는 중성자라면, 핵 곁에 오랫동안 머물러 있기 때문에 반응을 일으키기 쉽다. 이 중요한 발견이 페르미의 노벨상 수상의 두 번째 이유였다.

그런데 페르미는 더 나아가서 지상에 천연으로 존재하지 않는 새 원소를 만들어 내려고 생각했다.

한 원자핵에 느린 중성자를 충돌시키면 그것이 핵내로 흡수되어 중성자의 많은 원자핵이 생성되는데, 그때 중성자가 파괴되어 전자를 방출해서 양성자로 바뀌면, 양성자가 증가하여 전의 원자핵보다 원자번호가 하나 위인 원자핵이 생성된다. 이렇게 해서 차츰 큰 핵을 만들어 낼 수 있다는 것을 알았기 때문에, 페르미는 지상에 존재하는 최대의 원자핵 우라늄(원자번호 92)에 느린 중성자를 충돌시킨다면, 미지의 93번째의 원소가 생성될 것이 틀림없다고 생각했다.

그는 곧 이 실험을 실행하여 전자를 방출하는 방사성 원소가 만들어지고 있다는 것을 확인하고, 또 그것이 우라늄도 아니고 우라늄 근처

기지 원소의 어느 것도 아니라는 사실을 화학적 조작으로써 확인했다. 그래서 이 실험에 대해서 보고하는 문서에서 페르미는 93번째 원소가 만들어질 '가능성'에 대해서 설명하고 있다. 신중한 그는 자기가 아직 새 원소의 존재를 직접 확인한 것이 아니라는 점을 잘 알고 있었기 때문에 결코 단언하는 짓은 하지 않았다.

그러나 이것이 린체이 아카데미에서 보고되었을 때, 저널리즘에게는 아주 좋은 화제거리가 되었다. 이탈리아의 새 파시스트 정권 아래서, 인류가 시작된 이래 처음으로 인공적으로 새로운 물질이 창조되었다고 한다면, 이것은 더 없는 선전 재료이다. 신문은 '페르미가 새 원소 한 병을 이탈리아 국왕에게 바쳤다'고 써댔다. 페르미는 허둥지둥 아직은 확인되지 않은 일이라고 정정하고 나섰지만, 외국 신문까지 기정사실인 것처럼 크게 보도하기에 이르렀다.

이 실험 가운데서 새 원소가 만들어지고 있었던 것은 사실이지만, 후에 와서 확실해진 바로는 93번째의 원소는 극히 불안정하여 생성되자마자 파괴되어 버린다는 것이었다. 페르미가 실험 후에 관측한 우라늄도 아니고, 그 근처의 원소도 아닌 물질이라고 하는 것은 결코 새 물질이 아니었던 거였다.

이 우라늄 반응에서는 종래의 원자핵반응의 지식으로부터는 상상조차 할 수 없는 기묘한 현상이 일어나고 있었다. 이 커다란 원자핵은 중성자를 흡수하면 거의 둘로 딱 갈라져서, 중간 크기의 원자핵 2개가 생성되었다. 그와 같은 우라늄과는 전혀 관계도 없는 물질의 존재를 화학적으로 조사해 보는 일 따위는 페르미라 하더라도 미처 착상할 여지가 없었다.

노벨상 수상 이유가 잘못된 것이라고는 결코 말할 수 없지만, 페르미는 93번째의 원소를 만들어 냈다고는 할 수 있을 망정 그것을 확인했다고는 말할 수 없는 것이다.

페르미가 파시스트 정권 아래서 자신의 연구그룹의 붕괴와 인종법 등으로 고민하고 있는 사이에, 온 유럽의 연구자들은 이 실험을 추시하여 만들어진 새 물질의 화학적 성질을 확정하려고 서두르고 있었다.

독일의 노닥이 훨씬 작은 핵의 가능성을 지적했고, 프랑스의 이레느 졸리오 퀴리가 이 생성물의 성질이 '란탄계열'의 원소를 닮았다는 것을 확인했다. 이어서 이레느의 결과가 틀렸다는 것을 실증하려 한 독일의 한이 도리어 그 정당성을 증명하여, 바륨과 몰리브덴을 발견하고 말았다. 이 마지막 실험이 있었던 건 아이러니컬하게도 페르미의 노벨상 수상식이 있던 무렵이었다.

물론 이 결과와는 관계없이 페르미의 업적은 충분히 수상할 만한 가치가 있는 것이었다. 또 신중한 페르미는 수상 강연 때에도 새 원소를 확인했다고는 말하지 않았다. 오히려 서둘고 나섰던 것은 노벨상 위원회 쪽이었다고 할 수 있을 것이다.

어쨌든 이 한의 실험이 성공했다는 소식은 사적인 정보에 의해서 1월 16일에 컬럼비아대학의 페르미에게 전해졌다. 미국에 상륙한 지 불과 2주가 지난 때였다. 그는 쉴 틈도 없이 곧 연구반을 조직하여 연구에 착수했다. 한의 실험결과는 누구보다도 뛰어난 원자핵반응의 전문가였던 그에게 새로운 전망을 열어 보였던 것이다.

그가 곧바로 간파한 중요한 점은 다음의 두 가지였다. 우선 첫째로 만약 핵분열이 이루어진다면, 그때 여분으로 남게 되는 매우 큰 에너지가 방출되리라는 것. 둘째는 이때 역시 여분으로 남게 된 몇 개의 중성자가 방출되리라는 것. 여기서 두 번째 점은 방출된 중성자가 다음 번에 우라늄에 충돌함으로써 쥐가 늘어나듯이 증가해 가는 이른바 연쇄반응의 가능성을 가리키는 것임이 금방 지적되었다. 이런 예상을 누구보다도 재빨리 즉석에서 전망해 보인 것에서도 페르미의 비길 데 없는 재능, 물리학적 통찰력을 엿볼 수 있다.

인류에게는 참으로 불행하게도 바로 이때 유럽에서는 전운이 짙게 깔리기 시작했다. 전 세계를 정복하려는 나치즘의 야망이 그 전모를 드러내기 시작하고 있었다.

이 위협을 눈앞에 두고 미합중국에서는 유럽에서 망명 온 물리학자들이 먼저 움직이기 시작했다. 헝가리로부터 망명해 온 질라드(L. Szilard), 위그너(E. P. Wigner), 텔러(E. Teller) 세 사람이 같은 망명자인 아인슈타인(A. Einstein)을 찾아가서 페르미들의 연구결과를 보고했다. 그러곤 이것이 가공할 파괴력을 갖는 신형폭탄의 가능성으로 이어진다는 것을 루스벨트(F. D. Roosevelt) 대통령에게 경고하도록 의뢰했다. 그 결과 대통령에 의해서 즉시 우라늄 문제 자문위원회가 만들어지기에 이르렀다. 반년 남짓 전에 망명해 온 페르미가 국제적 중요인물이 되어 버린 것이다.

이같이 과학자쪽으로부터 정부나 군부에 작용했다는 것은 오늘날의 젊은 사람들에게는 '미친 짓'처럼 보일는지 모른다. 그러나 그들이 모두 나치즘에 의해서 조국에서 쫓겨났다는 것과, 독일이 먼저 원자폭탄을 완성하게 된다면 하는 공포에 떨고 있었다는 점, 그들에게 있어서 나치즘의 세계 제패는 곧 인류의 파멸 바로 그것이었다는 점은 고려할 필요가 있을 것이다.

페르미는 여부없이 이 계획의 중심인물이 되어 시카고대학으로 옮겨가서 더욱 대규모의 연구진을 조직하게 되었다. 우라늄으로부터 막대한 에너지를 해방하는 데는 아직도 실로 많은 연구가 필요했다. 이를테면 핵분열을 하는 것은 보통의 우라늄238(238개의 핵자로 구성된다)이 아니라, 아주 미량으로 함유되어 있는 우라늄235라는 점, 분열 때에 나오는 중성자는 너무 빨라서 반응을 일으키지 않기 때문에 감속제가 필요하다는 점, 중성자 수를 자유로이 '제어'할 수 있는 흡수제가 필요하다는 점 등이었다. 그 밖에 어느 문제를 취하더라도 과학적이면서 동시에 공업적인 문제를 포함하고 있었으며, 페르미는 항상 문제점의 중심에 있었다.

연구에 전망이 보이기 시작한 1941년 12월, 일본에 의한 진주만 공격이 있던 때였다. 미국도 참전하여 전시체제로 들어갔다. 이탈리아인 페르미는 '적성 외국인'으로서 또 '미국의 국가적 중요계획의 중심인물'이라고 하는 측면에서 유쾌하지 못한 입장으로 계속 활동했다.

1945년 7월, 계획이 완성되고 첫 폭발실험이 행해졌다. 이때 트루먼(H. S. Truman)이 폭탄의 사용을 결정한 것은 이미 괴멸한 나치즘 때문이 아니라 일본에 대해서였다. 이 원자폭탄 투하의 소식을 들었을 때의 아이슈타인이 비탄했다는 건 잘 알려져 있는 일이지만, 페르미는 침묵을 지키면서 말을 하지 않았다고 한다.

전후의 그는 연구 면에서나 교육 면에서도 훌륭한 업적을 남겼지만 1954년 불과 53세의 나이에 암으로 쓰러졌다. 그의 죽음은 젊었을 때부터 해 온 방사성물질 연구와 관계되었는지도 모른다. 동양인처럼 몸집이 작고 다리가 짧으며 총명하고 사나이다운 풍모의 소유자이자, 언제나 자신에 넘치는 판단을 내려 '법왕'이니 '승정'이니 하는 별명을 들었던 그는 또 내심의 고뇌 따위는 절대로 남에게 드러내지 않는 사람이기도 했다.

9. 나치스의 폭풍에 뒤흔들렸던 물리학자

W. K. 하이젠베르크와 O. 한

1933년 히틀러의 정권 획득이나 1938년의 오스트리아 병합, 1939년의 제2차 세계대전의 시작 등 일련의 정치적 사건은 독일의 지식인 계급, 학자들, 특히 그때까지 정치에 대해서 전혀 무관심했던 사람들에게도 싫든 말든 정치적 입장의 결정과 표명을 강요했다.

나치즘은 처음부터 유태인종의 혈통을 잇는 사람들을 공적 지위로부터 추방하는 것을 중요한 정책으로 내걸고 있었다. 그중에는 당연히 수많은 우수한 학자들이 포함되어 있었기 때문에, 이 정책과는 무관한 사람들도 많은 동료들이 추방되는 것에 대해서 어떤 대응책을 강구하지 않으면 안 되었다. 특히 연구의 성격상 국제적인 교류가 많았던 학자들은 자칫하면 나치스 측으로부터 의혹의 눈으로 주목을 받았기 때문에 더욱 미묘한 입장에 있었다.

1936년에 히틀러가 내놓은 독일인의 노벨상 수상 금지령은 학자에 대한 이 같은 나치즘 정책 경향의 한 고비를 뚜렷이 나타낸다. 이 금지령은 1935년의 독일인 저널리스트 폰 오시츠키(C. von Ossitzky)의 노벨 평화상 수상이 발단이 되었다.

오시츠키는 전면적인 평화주의자로서 국가의 비무장화를 주장하고, 나치스의 군대조직에 대해서 과감히 저항하는 논진을 전개하여 1933년 나치스가 정권을 탈취하자 수용소에 수감되었다. 그 후 1938년에 그는 구금된 상태에서 병사했다. 이 '죄인'에 대해 노벨 평화상이 주어진 것이 나치스를 격분케 했다. 때문에 독일인은 독일에서 주는 상 이외에는 받아서는 안 된다고 선언한 것이었다. 세계적인 영예의 상이었을 터인 노벨상은 이 순간부터 나치스 정권하에서는 도리어 무엇인가 수상쩍은 것으로 변질해 갔다.

특히 물리학자들의 경우는 이런 정세가 한층 미묘했다. 첫째로 현대 물리학의 기초를 개척한 아인슈타인이 유태인이었기 때문에, 그 학설에 바탕하는 것은 모조리 독일에서는 철저한 정치적 공격을 받고 있었다. 둘째로 핵에너지의 개발을 포함하는 일련의 전시(전쟁이 벌어진 때) 연구에 대한 협력이 문제가 되었다. 전시하의 독일에 머물러 있던 이 같은 동일인 물리학자들의 곤란한 입장을 하이젠베르크(W. K. Heisenberg)와 한(O. Hahn)의 경우를 중심으로 살펴보자.

1901년생이었던 하이젠베르크는 당시는 아직 30대 후반이었지만, 이미 1932년에 노벨 물리학상을 받은 세계적으로 가장 저명한 물리학자의 한 사람이었다. 원자 내의 전자의 행동을 설명하기 위해서 그가 종래의 뉴턴역학과는 전혀 다른 새로운 이론 형식인 '양자역학'의 기본적 착상을 발표한 것은 1925년이다. 대학을 졸업한 지 아직 몇 해도 지나지 않던 무렵이었다.

W. K. 하이젠베르크

당시 그의 직접적인 스승은 보른(M. Born)이었다. 또 그의 이 논문은 덴마크의 위대한 물리학자 보어의 직접적인 영향 아래서 만들어지고 있었다. 하지만 하이젠베르크는 자신의 물리학적 발상에 깊은 영향을 끼친 사람으로 아이슈타인의 이름을 들었다. 그리고 이후 양자역학의 사상적 전개에 대해서 아인슈타인이 비판적이었기 때문에 보어, 하이젠베르크, 보른 등과 아인슈타인 사이에는 치열한 논쟁이 계속되었다. 그럼에도 불구하고 하이젠베르크가 아인슈타인에게 바치는 경애의 마음은 평생토록 변하지 않았다.

이 당연한 존경과 사랑의 마음을 입에 담아 표명한다는 것은 당시의 나치스 독일에서는 직접적인 신변의 위험과 이어지는 일이었다. 그 침울하고 부조리한 사회적 분위기는 전후의 세대에게는 상상조차 할 수 없는 것일 터다.

1905년에 약관 아인슈타인이 상대성이론과 광양자론의 논문을 연달아 발표했을 때, 제일급 물리학자들조차 종전(지금보다 이전)의 물리학의 전통과 전혀 동떨어진 너무나도 혁명적인 사고방식을 받아들이지 않았다. 그러나 이들 새 이론의 눈부신 성과와 아인슈타인의 심오하고 치밀한 사색의 매력은 급속히 젊은 물리학자들을 정복하여, 수년 후 물리학의 주류는 이 이론들을 지지하게 되었고, 이들 이론 없이는 현대물리학을 생각할 수 없게까지 되었다.

그런데도 불구하고, 고전물리학의 분야에서 이미 입신양명한 사람들 중에는 여전히 새로운 사고에는 친숙해질 수 없는 장로들이 남아 있었다. 이 같은 완고한 보수주의자는 특히 독일에서 두드러져 있었다.

레나르트(P. Lenard, 1905년도 노벨 물리학상)와 슈타르크(J. Stark, 1919년도 노벨 물리학상)는 이 반아인슈타인파의 필두에 있는 사람들이었다. 그들은 1933년에 나치스가 반유태주의를 표방하고 등장하자 곧 그 협력자가 되어서, 정치적 압력을 통해 학문 분야에서 '유태인의 이론'을 말살하려고 작용하고 있었다.

레나르트의 광전효과의 실험이 광양자론의 기초가 되고, 수소 스펙트럼의 슈타르크 효과의 이론적 해명이 양자역학의 큰 성과 중 하나로 되어 있는 것은 생각해 보면 무척 아이러니컬한 이야기다. 그러나 그들의 입장에서 볼 것 같으면, 자기들이 오랫동안 고생한 결정인 실험 성과가 비정통적인 '유태인의 이론'으로써 설명된다는 데에 분노를 느꼈을 것이다.

유태인 아인슈타인이나, 유태인 보어의 획기적인 논문은 모조리 '유태인의 허풍'으로 처리함으로써, 비판해야 할 것을 충분히 비판했노라고 하는 것이 이들 대가들의 '천진스런' 사고방식이었다. 그리고 이들 '유태인의 허풍'을 자기 논문에다 인용하는 따위의 무리는 혈통적으로는 어떻든간에 모조리 '정신적인 유태인'이라고 몰아쳤다.

하이젠베르크는 이 '정신적인 유태인'의 블랙 리스트에 필두로 이름이 올려져 있었다. 더구나 이들 나치스에 대하여 갈채를 보내는 자, 협력자들이 학문상의 업적과 나치스에 대한 정치적 협력이라는 양면에서 사회적으로 매우 확고한 지위를 확보하고 있었다는 점이 사태를 한층 복잡하게 만들었다.

이를테면 슈타르크의 경우는 노벨상 수상 후, 그 상금을 규정에 위반하여 어떤 실리적인 사업을 위한 거래에 소비했다는 이유로 배신 행위를 했다며 대학에서 추방되었다. 그러나 그는 실업계로 투신하여 나치스가 정권을 탈취한 1933년 이래 과학기술청의 장관이 되었다. 하이젠베르크가 그의 늙은 스승 좀머펠트의 뒤를 이어 뮌헨대학의 교수로 내정되었을 때, 슈타르크는 그의 지위를 이용하여 인사에 개입해서 이것을 저지시켜 버렸다.

하이젠베르크가 1934년 하노바에서 한 강연에서, 아인슈타인과 보어의 업적을 자신의 일과 관련시켜 그 연대성을 강조하고 이들 이론에 대해서 던져지는 비난이 전혀 이유가 없는 것이라고 똑똑히 말하는 용감한 행동을 취했을 때, 그는 이 행위가 실제로 얼마만큼의 위험을 수반하는 것인가를 충분히 인식하지 못하고 있었던 것으로 생각된다. 당시 그를 향한 집요한 고발이 계속되고 있었다.

후에 밝혀진 자료에 의하면, 고발자의 한 사람은 나치스의 각료 로젠베르크(A. Rosenberg)에게 편지를 보내어, "이 '총독에 대한 배반자'를 수용소에 처넣고, 거기서 자유로이 유태인들을 찬미하는 기회를 주면 된다"고 권고하고 있다. 이것에 대한 로젠베르크의 답은 "하이젠베르크가 저명한 사람으로서 온 세계의 시선이 집중되어 있기 때문에 그렇게까지 감행할 수 없는 것이 유감이다"였다.

나치스 친위대의 기관지『검은군단』이 하이젠베르크를 공격하는 특집기사를 엮고, 그를 '물리학의 오시츠키'라고 불렀던 것도 이 무렵의 일이다. 당시 독일에서 유학 중이던 일본의 도모나가 신이치로(1965년도 노벨 물리학상 수상) 박사는 공식 회합에서 '하일 히틀러!'를 부르짖으며 한 손을 치켜드는 나치스식 경례가 강제될 때마다, 하이젠베르크가 마지못한 태도로 형식적인 경례를 하고 있던 모습을 회고한 적이 있다.

하이젠베르크의 신상에 위험을 느낀 그의 어머니가 수용소의 산모로서 악명 높은 히믈러(H. Himmler)에게 손을 쓰지 않았더라면 그의 신세도 어떻게 되었을지 모를 상태였다고 했다. 사실 그의 어머니가 한 운동과 탄원에 대해 '하이젠베르크 교수를 죽이지 말라'는 총통의 권고장이 전후에 비밀 서류 가운데서 발견되었다.

이런 정세에도 불구하고 하이젠베르크는 미국으로의 망명 권고에는 결코 응하지 않았다. 그는 자기 밑에 있는 젊은 물리학자들을 버리고 망명할 수는 없다고 생각해 조국에 머물며 조국과 운명을 함께하면서, 자기가 할 수 있는 한의 노력을 독일을 위해서 바치고 싶다고 염원하고 있었다.

한도 유태계의 동료들을 옹호하며 되도록 이들을 구제하려고 힘썼다. 하지만 하이젠베르크만큼 국제적으로 화려한 존재가 아니었기 때문에 그다지 눈에 띄지도 않았고, 그만큼 감시도 덜했다. 또 하이젠베르크보다 22살이나 연장인데다 신중하고 착실한 인품이었기 때문이기도 했을 것이다.

O. 한

1933년에 나치스가 정권을 탈취했을 때, 그는 초빙을 받아 미국에 머물고 있었다. 그러나 나치스의 유태정책에 의해서 카이저 빌헬름 물리화학연구소에서의 그의 동료들, 특히 우수하고 지도적인 사람들이 그 자리에서 쫓겨났다고 들었을 때, 그는 동료들을 지원하기 위해서 곧 귀국길에 올랐다. 이 연구소의 소장이며 추밀고문관이기도 했던 하버(F. Haber)는 유태인이었기 때문에 사직을 신청하고 한을 후계자로 맞아들이려 했다. 그러나 나치스에의 입당을 강력하게 거부하고 있던 한은 임명이 되지 않고, 나치스의 활동가가 후임 소장으로 임명되었다.

한은 나치스의 공식 집회에 나가지 않기 위하여 베를린대학의 강사직을 사직하고, 대학보다는 약간 자유로운 연구소 내에서 차분하게 연구활동을 계속했다. 동시에 정부의 유태정책에 대한 항의문을 만들거나, 얼마 후에 하버가 죽었을 때는 나치스의 금지를 무시하고 성대한 추도회를 개최하는 등 저항을 계속하고 있었다. 그 때문에 그는 유태인으로 오인되어 추방 대상 교수 명단에 올려졌지만, 그런 일에는 별로 마음을 쓰지 않았다.

이 무렵 그의 신변에 일어난 큰 사건은 오랜 연구 동료인 마이트너(L. Meitner)의 망명이었다. 마이트너는 오스트리아 국적의 뛰어난 여성 과학자로 30년간이나 한의 공동연구자로서 핵반응, 인공방사능 등의 연구에 성과를 거두어 왔다. 나치스의 유태정책 실시 후에도 외국 국적이었기 때문에 무사히 연구에 종사할 수 있었지만, 히틀러가 오스트리아를 합병하면서 갑자기 위험이 다가왔다.

한은 그녀가 중립국으로 나갈 수 있는 허가가 나오도록 문교부장관에게 신청했으나 거부당했다. 그러자 비자 없이 비합법적으로 네덜란드로 탈출시킬 계획을 세워서 네덜란드 측과 연락을 취하여 1938년에 실행했다. 마이트너는 다행하게도 발견되지 않고 탈출에 성공한 뒤 스웨덴으로 들어갔다.

이후 한은 슈트라스만과 공동연구를 계속하여 이해 연말에 중성자에 의한 충격으로 우라늄으로부터 바륨이 생성되고 있는 것을 발견했다. 이 결과를 즉시 전해 들은 스웨덴의 마이트너는, 이것이 우라늄의 핵분열이라고 하는 새로운 현상의 출현이라는 것을 이해했다. 이것은 후에 원자폭탄의 제조로 이어지는 중대한 열쇠가 되는 발견이었다.

하이젠베르크와 한의 태도 가운데서 또 하나 눈에 두드러지는 공통항은 원자폭탄의 제조에 참가하려 하지 않았다는 점이다. 이것은 미국으로 망명한 과학자들이 나치스보다 한시라도 빨리 원자폭탄을 만들려고 온갖 정력을 기울였던 것과는 전혀 대조적이다.

원자핵에너지 개발연구위원회가 독일에서 조직되었을 때, 하이젠베르크는 위원회가 내린 결론으로 장래 언젠가는 핵분열이 동력으로 이용될 가능성이 있을 것이라는 사실 이상에 관한 전망은 결코 정부 당국에 알리지 않도록 노력했다.

한편 한은 이 위원회로부터는 제외되어 있었지만, 위원회가 결성되었다는 소식을 듣고서는 "만약 히틀러가 우라늄폭탄과 같은 무기를 갖게 된다면 나는 자살하는 편이 낫겠다"고 말한 것으로 전해지고 있다.

독일을 사랑하고 있기는 했어도 반나치스였던 이 사람들로서는, 독일의 승리는 곧 나치스의 승리이기도 하다는 모순에 끊임없이 고민하지 않으면 안 되었다. 그들은 나치스 쪽으로부터의 혐의뿐만 아니라 연합국으로부터도 혐의를 받지 않으면 안 되었다. 하이젠베르크가 나치스 점령하의 코펜하겐에서 보어와 만났을 때, 원자폭탄의 제조에 종사하고 있는 것으로 의심한 보어가 그를 지극히 냉담하게 다루었던 것도 그런 예의 하나이다. 그리고 독일이 패배했을 때 하이젠베르크, 한과 그 밖의 저명한 원자과학자들이 미국군의 포로로서 런던으로 보내져서 이듬해 봄까지 억류되었던 것도 나치스에 대해 협력한 혐의 때문에서였다.

한은 본래라면 1945년에 받았어야 할 1944년도 노벨 화학상을 억류되어 있던 탓에 1946년에 와서야 겨우 받게 되었다. 스웨덴으로 간 한은 거기서 마이트너와 재회하여 슬픈 대화를 나누게 되었다. 마이트너는 "8년 전, 나를 독일로부터 망명시키지 않았어야 했다"고 말했다. 망명한 몇 달 후에 핵분열 실험 결과가 얻어졌고, 한만이 단독으로 노벨상을 수상하는 결과가 되어 버렸기 때문이다.

10. 28년째에 보상된 통계적 해석

M. 보른

1954년 11월 3일, 스웨덴의 왕립아카데미는 '양자역학에서의 기초적인 연구, 특히 파동함수의 통계적 해석'이라고 하는 업적에 의해서 보른(M. Born, 1882~1970년)에게 노벨 물리학상을 수여하기로 결정했다. 통계적 해석의 연구가 나오고부터 실로 28년의 세월이 흘렀다. 보른에게 보낸 친구 아인슈타인의 편지에도 "이렇게 늦어진 것은 이상한 일이기는 하지만"하는 말과 함께 축하인사가 적혀 있었다. 보른으로서는 이제야 겨우 자기도 보상을 받았구나 하고 감회가 깊었을 것이 틀림없다.

유태계 독일인으로서 브레슬라우(지금의 폴란드)에서 태어난 보른은 브레슬라우, 하이델베르크, 취리히 등의 대학에서 수학한 뒤 베를린대학, 프랑크푸르트대학을 거쳐 1922년에 괴팅겐대학의 교수가 되어, 1932년에 나치스에 의해 추방되어 영국으로 건너갈 때까지 그곳의 이론물리학 교실을 주재했다. 이 시기는 바로 물리학에서 혁명의 최성기로 양자역학의 탄생(1925~26년)과 그것에 이어지는 격동의 시기였다.

그리고 괴팅겐이 그 큰 중심의 하나였다.

M. 보른

1900년, 플랑크(M. K. E . L. Planck)에 의해서 물리학의 세계로 도입된 불가사의한 '양자가설'은, 아인슈타인에 의해서 광양자설(빛은 파동이지만 그와 동시에 입자적인 성질을 갖는다고 생각하는)로 일보 전진했다. 이들 업적에 의해서 플랑크는 1918년에, 아인슈타인은 1921년에 각각 노벨상을 수상했다.

1913년, 덴마크의 보어는 원자구조의 문제에 '양자'를 도입하여 수소원자의 스펙트럼선이 보여 주는 규칙성을 훌륭하게 설명했다. 이 업적에 대해서는 1922년에 노벨상이 주어졌다.

그러나 이 '전기(前期) 양자론'에는 한계가 있었다. 수소 이외의 원자에 이것을 적용하려 하면 좀처럼 잘 안 된다는 사실이 차츰 밝혀지게 되었다. 잘 들어맞지 않는 이론이라고 하는 것은 복잡화된다는 의미로, 다루는 대상마다 다른 조건이 필요하게 되거나 하여 시도할 때마다 다른 양상을 나타내게 된다.

보어의 이론도 이윽고는 이 같은 말기적 증상을 드러내어 코펜하겐(덴마크)에서 특별한 수업을 쌓은 전문가가 아니면 감당할 수 없는 것으로 되어 갔다. 이것을 구제하여 1925년에 본격적으로 새로운 양자역학의 건설에 성공한 것이 당시 보른의 조수로 있던 하이젠베르크(1901~1976년)이다. 그가 만든 미시적 세계의 새로운 역학은 통상 '행렬역학'이라고 불리고 있다. 이것으로 그는 1932년에 노벨상을 수상했는데, 보른은 이 일로 인해 마음이 매우 상했다.

보른이라는 사람은 그가 쓴 것을 읽어보면 금방 알 수 있듯이 매우 마음씨가 따스한 인물이다. 일본의 유카와 히데키 박사는 그를 가리켜 '후한' 타입의 과학자라고 평하고 있다. 후하다는 것은 사고방식이 유연하고, 사람의 말을 잘 믿으며, 관용성이 풍부하고 새로운 생각을 자진하여 받아들이는 사람이라는 뜻이다. 또 보른은 과학자의 사회적 책임을 강력히 자각하여, 전쟁이나 원자력의 군사적 이용에 대해서 준엄한 경고를 하였다. 이는 그의 인품이 강한 인류애에 기초하고 있음을 보여준다.

그런 인품인 그가 왜 하이젠베르크의 수상에 대해서는 진심으로 기뻐하지 못했을까? 좀 길지만 그가 한 말을 아인슈타인에게 보낸 편지로부터 인용해 보기로 하자.

"당신은 말씀하십니다. 늙은 구두쇠가 고생해서 모은 돈처럼, 자신의 몇 가지 업적을 '사유재산'으로써 지켜가는 것은 결코 현명한 일이라고 생각하지는 않는다고 말입니다. 나도 그 점에서는 동감입니다. …하지만 최근에 나는 다소 이 좋은 교훈을 위반했습니다. … 하이젠베르크의 행렬(matrix)이 이 이름을 갖는 것은 옳지 않습니다. 그것은 그가 매트릭스란 무엇인가를 당시는 정말로 몰랐었기 때문입니다. 그

W. 하이젠베르크

A. 아인슈타인

는 공통의 작업에 대한 수확을 혼자 거두어들인 것입니다. 노벨상이나 그러한 것들과 마찬가지로, 그것이 외면적인 성공에 관한 것인 한에서 나는 그것을 진심으로 그에게 베풀어 주기는 하겠지만, 이 20년 동안 어떤 종류의 부당한 감정으로부터 벗어날 수는 없었습니다"(『아인슈타인-보른의 왕복 서한집』에서, 이하의 인용도 같음)

하이젠베르크가 그의 논문 원고를 보른에게 제시했을 때(1925년 7월), 그것은 뒤죽박죽으로 된 아주 괴상한 수식으로 쓰여 있었다. 중요한 내용과 동시에 그 기묘한 계산이, 수학자가 행렬(매트릭스)이라고 부르고 있는 것의 곱셈에 불과하다는 걸 알아챈 것은 보른이었다. 하이젠베르크는 행렬이라는 걸 몰랐던 것이다. 보른은 후에 자신의 노벨상 수상 강연 가운데서 이렇게 회상하고 있다.

“그러고부터는 하이젠베르크의 곱셈규칙이 내 염두에서 떠나지 않아서, 1주일쯤 열심히 궁리하고 시험하고 있던 중에 갑자기 나는 브레슬라우에서 공부하던 시절, 로자네스 선생께 배운 대수학의 이론을 생각해 냈습니다”

이리하여 보른은 제자 조르당(P. Jordan)에게 거들게 하여 하이젠베르크의 착상을 ‘행렬역학’이라는 형태로 정리하는 데에 성공했다(1925년 9월). 11월에는 다시 그 속편 논문이 보른, 하이젠베르크, 조르당 세 사람의 이름으로 작성되었다.

확실히 하이젠베르크가 한 최초의 착상은 탁월했다. 그러나 ‘행렬역학’의 이름까지 그의 차지가 된 점에는 온후한 성품의 보른도 속이 편할 리가 없었을 것이다. 아인슈타인과의 왕복 서한집에 붙여진 주석 가운데서 그는 이렇게 기록하고 있다.

“하이젠베르크로부터 아름다운 편지를 받기는 했었지만, 내가 하이젠베르크(1932년)와 동시에 노벨상을 받지 못한 것은 나의 마음을 아프게 했습니다. 내가 이 아픔을 극복할 수 있었던 것은 하이젠베르크가 훌륭하다는 것이 내게 의식되었기 때문입니다”

전혀 생소한 ‘행렬’ 따위를 사용한 양자역학은 당시의 물리학자에게는 난처한 대상이었다. 실증주의적 경향이 강한 하이젠베르크가 그것에 부친 ‘철학’도, 자각은 없었다고 하더라도 본질적으로는 소박한 유물론자적인 많은 물리학자에게는 몹시 난해했을 것이다. 이탈리아로부터 괴팅겐으로 유학을 온 페르미와 같은 뛰어난 학자조차도 허둥지둥 도망쳐 버렸다고 한다.

그 무한행 무한렬의 행렬이라고 하는 무서운 걸 사용하여 계산하지 않으면 얻어질 수 없는 것이라고 생각되었던 게, 물리학자에게 친숙한 파동방정식을 해석해서도 얻어질 수 있다는 사실이 슈뢰딩거(E. Schrodinger)에 의해서 제시되었을 때(1926년), 대다수의 물리학자들은 안도의 숨을 내쉬었다.

파동역학의 근원은 프랑스의 드 브로이(L. V. P. de Broglie)가 1923년에 내놓은 물질파에 대한 생각으로 거슬러 올라간다. 파동이라고만 생각되고 있던 빛이 입자성을 가리키는 것이라면, 입자라고 믿어졌던 전자 등의 물질입자에 파동성이 수반되어 있다고 한들 이상할 게 없을 것이라고 하는 그의 대담한 착상은 곧 실험을 통해 확인되었다. 그리고 그 파동이 어떻게 행동하는가를 가리키는 방정식을 발견한 것이 슈뢰딩거였다. 이 방정식은 굉장한 위력을 발휘하여 그때까지의 원자물리학의 어려운 문제를 수년 동안에 거의 모두 해결해 버렸다.

E. 슈뢰딩거

행렬역학과 같은 답을 내놓지만 그보다 훨씬 다루기 쉬운 파동역학은 1년 늦게 나타났지만 금방 행렬역학을 압도하고 말았다. 현재도 양자역학을 적용하게 되는 것이라면 먼저 슈뢰딩거 방정식이 등장한다고 말해도 과언이 아니다. 따라서 슈뢰딩거가 하이젠베르크보다 1년 후에 노벨상을 받게 된 것은 지극히 당연한 일이었다.

N. H. D. 보어

그러나 도대체 이 파동의 정체가 무엇이냐고 하는 점에 대해서 슈뢰딩거가 제공한 해석은 모순을 내포하고 있었다. 코펜하겐을 찾은 그는 보어와 하이젠베르크의 집중 공격을 받아 병에 걸렸었다고 한다.

파동역학과 행렬역학은 결국은 같은 것의 다른 표현에 불과하다는 게 곧 증명되었다. 행렬역학에서는 표면에 등장하지 않는 파동함수라고 하는 것이, 파동역학에서는 주역을 담당한다. 하이젠베르크에게 있어서 파동함수란 본래 모습도 형태도 없을 터인 신이 육체라는 옷을 걸치고 나타난 것과 같은 쓸모없는 존재로 비쳐진 듯하다. 다분히 라이벌 의식도 있었겠지만 그는 이것에 대하여 혐오감조차 드러내고 있다. 이 실재라고도 아니라고도 할 수 없는 불가해한 '파동함수'에 올바른 해석을 부여한 사람은 다름 아닌 보른이었다.

사진 건판 위에 포착해 보면 한 점을 감광케 하는데에 지나지 않다는 의미에서 '입자'일 터인 전자의 행동이, 본래적으로 공간으로 퍼져

나가는 파동으로 표현되는 것을 알 수 있다. 이런 일견 모순된 사실을 어떻게 설명해야 할까? 보른은 '통계적 해석'을 이용해 이 상반되는 두 개념을 조화시켰다.

많은 전자를 가지고 동일조건으로 실험을 하더라도 개개 전자의 행선지는 동일하지 않다. 사진 건판 위의 여러 곳에다 분산시켜 감광케 한 다음 전체를 관찰하면 하나의 회절무늬가 얻어진다. 이 현상을 파동역학으로 계산하면 건판 위의 어느 곳에는 파동이 강하게 밀려오지만, 어떤 데에는 파동이 거의 오지 않는 것과 같은 강약의 분포가 얻어진다. 강약은 각 점에서의 파동함수 값의 제곱으로 계산하면 된다.

이같이 계산이 주는 파동의 강약이 '많은 수'의 입자에 대해서 실험한 경우에 얻어지는 '통계적 분포'(즉 건판에 찍혀지는 회절무늬) 바로 그것이라고 하는 게 보른의 해석이다. 파동의 정체는 '확률'이었다. 그런 추상적인 것이 아니라 좀 더 실재성이 강한 것을 생각하고 있었던 슈뢰딩거는 좀처럼 납득하지 않았던 모양이지만, 하이젠베르크는 보른의 이 해석을 금방 강력히 지지하고 나섰다. 그러나 여기서도 보른에게는 '운'이 따르지 않았다. 그의 통계적 해석을 여러 모로 확장한 것이 보어를 중심으로 하는 코펜하겐학파라고 불리는 사람들이었기 때문에, 어느 틈엔가 그것에는 '코펜하겐 해석'이라는 이름이 붙여졌다. 다시 아인슈타인과의 왕복 서한집으로부터 그의 말을 인용해 보자.

"당시 내 자신은 이미 자신의 견해가 옳았다고 확신하고 있습니다. 왜냐하면 이론물리학 전체가 실제로 통계적 해석을 사용하여 연구하고 있었기 때문입니다. 닐스 보어와 그 학파는 특히 그러합니다. 그들은 이 이론을 설명하는 데 있어 중요한 점을 제시해 주었습니다. 그러나 이 통계적 해석을 코펜하겐학파의 해석으로 인용하고 있는 경우를 많이 볼 수 있는데, 나는 이것이 타당한 일이라고는 생각되지 않습니다"

이런 까닭으로 노벨상을 손에 넣기까지의 28년간은 보른에게는 실로 기나긴 세월이었던 것이 틀림없다. 하지만, 왜 이토록이나 늦어졌을까?

인용문 가운데서 자기가 내놓은 생각인데도 '옳았다고 확신하고 있다'고 하는 묘한 단서가 붙어 있다. 어째서일까? 그것은 이 같은 통계적 해석이라고 하는 게 그때까지의 물리학의 사고방식-모든 물리 현상은 법칙에 쫓아서 인과적이고 일의적으로 진행하고 있을 것이다-에 반하는 것이며, 많은 물리학자에게 있어서 쉽게 받아들이기 힘든 것이었기 때문이다. 사실 보른의 친구이며 20세기 최대의 물리학자이었던 아인슈타인은 일생 동안 이 통계적 해석을 인정하지 않았던 것이다. 양자역학에 대한 아인슈타인의 이 보수적 태도에 대해서는 많은 논급이 있기 때문에 되풀이하지 않겠지만, '후한' 보른도 이 점에 관해서는 아인슈타인을 계속하여 설득하지 않으면 안 되었다. 그것에 관해서 주고 받은 편지에 붙여진 주석의 하나가 위에서 인용한 글이다. 보른의 노벨상에 부쳐진 아인슈타인의 축사에는 다음과 같이 쓰여 있었다.

"몹시 기뻐하고 있습니다. 특히 기술에 대한 당신의 시종일관된 통계적 해석은 사상을 결정적으로 밝혀 놓았습니다. 이 일은 대상에 대한 우리의 결론 없는 왕복 서한에도 불구하고, 내게는 전혀 의심할 여지가 없는 듯이 보입니다"

노벨상이 하이젠베르크들과의 공동의 업적에 대해서가 아니라, 독력으로써 이룩한 업적에 대해서 주어진 것을 보며 보른은 '기쁨을 크게 했다'고 말하며, 이어 이렇게 썼다.

"28년이라고 하는 시차가 있기는 하지만, 이런 식으로 인정을 받았다는 것은 이상한 일이 아니었다. 플랑크나 드 브로이든, 슈뢰딩거와 더 나아가 아이슈타인 자신이든 간에 양자론의 첫 시기에 모든 거물들은 통계적 해석의 반대자였었다. 이런 주된 인물들의 소리를 거슬러 가면서 행동한다는 것은 스웨덴 아카데미에 있어서도 쉬운 일이 아니었을 게 틀림없다. 그러므로 나는 나의 사상이 물리학자들의 공유 재산으로 되기까지 기다리지 않으면 안 되었다. 적어도 보어나 그 코펜하겐학파의 협력에 의해서 말이다. 이 학파의 이름으로 오늘날 거의 모든 곳에서 내가 창조한 물리학의 사상이 언급되고 있다"

11. 광속도 측정에 소비한 생애

A. A. 마이클슨

1901년의 제1회 노벨상 이래, 대체로 그 시대의 과학적 연구의 최첨단을 가는 것이 이 상을 받을 만한 과학적 연구로 여겨졌다. 즉 그 시대의 대부분의 전문가들이 관심을 갖고 있을 만한 유행하는 중심 과제를 해결하는 데 기여하는 것이 많았다. 이처럼 여러 우수한 과학자들이 같은 주제를 가지고 치열하게 경합하였다. 때문에 이들 중에서 근소한 차이로 경쟁 상대에게 먼저 이름을 떨치게 된 이가 적지 않았을 것이다.

수많은 노벨상을 두고 살펴볼 때, 시대와는 거의 무관하다는 듯이 느긋하게 연구했으며, 일생 동안 오직 한 가지 목표만을 위해 한 걸음씩 차분하게 나아간 끝에 마치 지난날의 좋은 시절을 생각하게 하는 듯한 연구를 통해 이 상을 획득한 건 빛의 속도를 측정하는 것을 연구했던 마이클슨(A. A. Michelson)이 거의 유일하게 예외적일 터다.

그리고 이것은 또 현재는 세계 최다수의 노벨상 수상자 수를 자랑하고 있지만, 당시는 유럽의 여러 선진국에 비해서 순수과학 연구의 미개척지에 불과했던 미합중국에서 젊고 대범한 신세계가 1907년에 처음

A. A. 마이클슨

으로 획득한 노벨 과학상이었다. 이미 그 전해에 노 · 일전쟁을 조정한 루스벨트(F. D. Roosevelt) 대통령이 노벨 평화상을 수상한 적이 있다. 이 미국 최초의 노벨상은 광대하고 느긋한 신세계에 걸맞는 상징처럼 느껴졌다.

연구자 마이클슨의 이색적인 점 두세 가지를 먼저 살펴보자. 우선 첫째로 수상 30년 전에 광속도 측정 연구를 시작했을 때, 그는 결코 전문 물리학자는 아니었다. 해군사관학교를 졸업하여 4년쯤이 지난 신혼 초의 해군소위에 지나지 않았다. 따라서 그가 가진 물리학 지식이 결코 여느 대학 졸업자의 수준 이상일 수는 없었다. 둘째로 광속도 측정이라고 하는 이 과제는 별로 새로운 것이 아니었다. 피조(A. H. L. Fi zeau), 푸코(J. B. L. Foucault), 코르뉴(M. A. Cornu) 세 프랑스 물리학자가 각각 이 측정을 위한 방법을 고안하여 기구를 제작하고 그 실측값을 얻고 있었다.

따라서 A. A. 마이클슨에 의한, 그다지 독창적으로는 보이지 않는 차분한 연구에 의해 보다 더 정확하게 측정될 여지가 남아 있었던 것에 지나지 않았다. 아무리 보아도 재능있는 학자들의 야심을 자극할 만한 주제는 아니었다. 그런데도 불구하고 이 젊은 해군소위는 고생이 많은 반면 수확이 적을 것으로 보이는 귀찮은 실험에 착수하여, 이후 50여 년에 걸쳐 싫증도 내지 않고 이 실험의 개량을 거듭해 왔던 것이다.

마이클슨은 폴란드계 미국인으로서 1852년, 국경 근처의 당시 독일령이었던 스트르첼로라는 데서 태어났다. 그가 2살 때 그의 아버지는 인종적 박해를 피하여 미합중국으로 이주했다. 그리고 당시 캘리포니아를 휩쓸고 있던 황금발굴열에 휩쓸려 카라베라스의 마퓌 광산촌의 작은 마을에서 잡화상을 벌였다. 이런 환경에서 자란 마이클슨은 고교 시절에 뛰어난 수학적 또는 물리학적 재능을 보이기는 했지만, 대학교육을 받을 수 있는 경제적인 여건이 되지 못했다. 해군사관학교는 그와 같은 처지의 소년이 장래를 개척하기 위한 거의 유일한 길이라고 생각되었을 것이다. 이리하여 그는 1869년 해군사관학교에 입학, 1873년에 졸업하여 1874년에는 해군소위로 임관되어, 2년간의 해상근무를 마친 뒤 해군사관학교의 물리학과 화학강사의 자리를 얻게 되었다.

교직에 취임한 후 곧 그는 빛의 속도를 정확하게 측정하는 일에 매우 흥미를 갖게 되었다. 실은 이보다 조금 전인 1873년에 스코틀랜드의 위대한 물리학자 맥스웰(J. C. Maxwell)이 전자기장의 이론을 완성하여 전자기파의

J. C. 맥스웰

존재를 예언하고, 그것과 빛이 같은 성질의 것임을 지적했다. 그런 이후 이 맥스웰의 이론 속에 나타나는 전자기파(빛)의 속도가 자연계의 기본상수 중에서도 가장 중요한 것이라고 생각하게 되었다.

빛의 속도는 너무나도 빨라서 1초간에 300,000km나 달려가 버리기 때문에, 그 정확한 값을 측정하기란 매우 어렵다. 1676년에 덴마크의 뢰머(O. C. Romer)는 천체간 거리라고 하는 커다란 거리를 이용하여 이 광속의 대체적인 값을 얻었다. 그리고 이 광속이 처음으로 지상에서 측정된 것은 1849년 프랑스인 피조가 연구한 교묘한 장치에 의해서였다. 이어서 13년 후에 푸코가 다른 장치를 연구하여 새로운 측정을 했다. 이 장치들은 흥미로운 것이지만 여기서는 지면 관계로 설명을 생략한다.

어쨌든 젊은 마이클슨은 1877년에 푸코의 장치를 약간 개량하여 실험에 착수했다. 당시는 물론 연구비 등이 거의 없었기 때문에 해군사관학교의 실험실에 있던 잡동사니를 끌어모아다가 장치를 조립해야 했다. 그래도 이 젊은이의 실험에 대한 정열과 숙련된 기술은 측정으로부터 상당한 성과를 끌어내는 데 성공했고, 학회에서의 발표는 많은 과학자들의 주목을 끌었다. 하지만 마이클슨 자신은 금방 이 같은 방법에 한계성을 느꼈던 것 같다. 같은 방법을 반복하더라도 실험 결과의 정밀도가 그다지 올라가는 것은 아니었기 때문이다.

그에게 원조자가 나타나기 시작했는데도 불구하고 그는 물리학의 지식을 갱신하기 위하여 1880년 과학적 선진국이 많은 유럽으로 건너갔다. 2년 동안 그는 독일과 프랑스 각지의 대학을 돌아다니면서 강의를 들었다. 많은 고명한 물리학자와도 만나서 이야기를 들었다. 그 결과 그의 심중에는 광속에 관한 가장 중요한 문제점이 떠올랐다. 그것이 에테르의 존재이다.

맥스웰의 이론은 빛의 정체가 파동이라고 하는 종래에 믿어져 왔던 이론을 다시 다짐하는 확증을 제공했다. 그러나 파동이란 물질(매질)의 일부에 진동운동이 일어나고 그것이 전파해 가는 것이다. 그렇다면 빛의 매질은 어떤 것일까? 이 물질은 예로부터 잘 모르는 채로 에테르라고 불리어 왔다. 그리고 또 빛은 멀디먼 별들로부터 우주공간을 가로질러 지구까지 전달되어 오는 것이므로, 이 광대한 우주공간은 모조리 에테르로 충만되어 있어야 했다. 지구는 말하자면 광대한 에테르의 바닷속에 담겨진 잠수함처럼, 에테르를 가로질러서 태양 주위에서 공전운동을 하고 있는 것이다.

그렇다면 지구의 움직임에 따라 에테르는 자꾸만 뒤로 흘러갈 것이며 에테르의 바람이 존재할 것이다. 이 바람과 같은 방향으로 전파하는 빛의 파동의 속도는 그만큼 빠르고, 바람에 거슬러서 전파하는 빛의 파동의 속도는 그만큼 느려지지 않으면 안 된다. 지구 위에서 모든 방향에 대해서 빛의 속도를 측정한다면 이 에테르의 바람에 의한 속도 차가 나타날 것이 틀림없다. 이것은 지금까지 실험적으로 확인된 적이 없는 에테르의 존재를 확인하는 중요한 실험이 될 것이다. 다만 빛의 속도는 너무도 빠르기 때문에 이 속도치를 확인하기 위해서는 실험의 정밀도를 높여서, 광속도의 값을 상당한 단위로까지 정밀하게 측정할 수 있게 하지 않으면 안 된다.

광속도 측정이라고 하는 일찍부터의 주제에 대해서 이 같은 새로운 의미를 발견한 마이클슨은 용약(용감하게 뛰어감)하여 새로운 우수한 측정 장치 개발에 매진했다. 물리적 감각에 뛰어난 그는 30년 전에 피조가 한 실험에서 힌트를 얻어, 이것에다 여러 가지 개량을 더하여 '마이클슨의 간섭계'로 현재도 잘 알려져 있는 우수한 장치를 고안했던 것이다.

이 새로운 장치를 사용한 시험적 실험은 최초 베를린대학에서 실시되었는데 결과가 좋지 않았다. 돌받침대에 장치했는데도 불구하고, 베를린의 번화한 교통에 의한 진동이 끊임없이 관측을 방해했다. 그만큼 정밀한 측정이 필요했다. 마이클슨은 이 장치를 포츠담천문대의 인적이 드문 장소로 옮겨서 가까스로 성공했지만, 여기서도 멀리 떨어진 집 안에서 걸어다니는 사람의 발자국 소리가 측정에 영향을 미쳤다.

그런데 이 같은 고생 끝에 얻어진 결과는 낙담을 금하지 못하게 했다. 어느 방향이든 속도는 모두 같았으며, 마이클슨이 기대했던 '에테르의 바람'은 발견되지 않았다. 지구가 에테르 속에 정지해 있는 것이라고 한다면 물론 이 실험 결과를 설명할 수가 있지만, 그래서는 다시 코페르니쿠스(N. Copernicus) 이전의 천동설로 되돌아가 버리는 것이 된다. 그렇다면 지구 주위에 에테르가 있는 부분만이 지구와 함께 움직이고 있는 것일까? 그러나 그렇다고 한다면 에테르 속에 있는 갖가지 것들이 교란을 발생시켜 빛의 전파에 영향을 미칠 터였다. 마이클슨의 실험은 물리학자들로부터 물의를 빚어내었고, 어떤 사람은 마이클슨의 이 결과를 부정했다.

1882년에 미국으로 돌아온 마이클슨은 새로 설립된 케이스 응용물리학교에 자리를 얻었다. 그에게 더없이 행운이었던 것은 인접한 웨스턴 리저브대학의 교수였던 몰리(E. W. Morley)라고 하는 뛰어난 실험가와 서로 알게 되었다는 점이었다. 이후 몰리는 마이클슨의 실험에 둘도 없는 협력자가 되었다. 1885년에 그들의 협력이 시작되었다. 이 시기에 마이클슨은 힘든 실험에 지쳐서 휴양을 필요로 하고 있었기에, 그가 정양하는 동안 몰리가 마이클슨의 계획에 의한 장치 제작을 맡아주었다.

이리하여 두 사람은 에테르의 존재에 관한 마이클슨의 실험에 여러 가지 개량을 가하여 재현하고 1886년에 그 부정적인 결과를 확인하여 발표했다. 이것은 빛의 매질로써의 에테르의 존재를 막다른 골목으로 몰아넣었다. 마이클슨은 의외의 결과에 불만스러웠지만, 후에 와서 돌이켜 보면 물리학에 대해서 이만큼이나 큰 영향을 주게 된 부정적 실험은 없다고 할 만했다.

즉 1905년에 천재 아인슈타인이 특수상대성 이론을 발표하여 에테르의 존재를 부정했을 때, 이 마이클슨-몰리의 실험 결과가 아인슈타인의 커다란 거점이 되었었기 때문이다. 그러나 특수상대성 이론이 발표되어 물리학자들의 찬반 양론이 분분했을 무렵, 당사자인 마이클슨은 그 이론에는 전혀 관심을 보이지 않았다. 광학 이외의 물리학 분야는 그에게는 관심도 전문적인 지식도 부족한 영역이었고, 상대성이론은 그에게 이해권 밖의 것이었던 거였다.

앞서의 논문과 같은 해에 마이클슨과 몰리는 또 하나의 매우 중요한 논문을 발표했다. 이것은 종래 길이의 표준으로 제작되어 사용해 온 미터원기(原器)는 마멸, 파손의 가능성이 있는데다 미소한 거리의 측정에는 오류가 생기기 쉽기 때문에, 나트륨광선의 파장을 마이클슨의 간섭계로 정확히 측정하여, 이것을 길이의 표준으로 삼자는 제안을 포함하고 있었다. 이것은 도량형학계에 일종의 혁명을 일으킨 획기적인 제안이었다.

그 후에도 그는 여러 가지 실험장치의 측정 정밀도를 향상시키는 새로운 고안을 연달아 발표했다. 설명은 생략하고 이름만 들면 계단분광기, 조화분석기, 세계 최고의 회절격자 등이다. 이 마지막 기구를 제작하기 위해서 그는 9.4inch 너비의 유리판에 실로 117,000개의 선을 긋는 착마기계를 만들어 내었다.

이러한 고성능 광학기계는 여러 가지 미세한 조건을 고려한 피나는 노력으로 만들어졌다. 이처럼 많은 정밀기계를 만들어내고, 그것을 사용하여 고정밀도의 여러 가지 실험을 한 것은 달리 예를 찾아볼 수 없지 않을까.

그가 측정한 광속도의 값, 길이의 표준으로서의 몇 가지 파장 값은 오랜 세월 동안 가장 신뢰할 수 있는 값으로서 채용되었으며, 그 값을 조금이라도 수정할 수 있는 것은 오직 그 한 사람뿐인 상태였다. 1907년에 그가 노벨 물리학상을 받은 것은 그가 이와 같은 정밀측정을 가능케 한 위대한 실험가였기 때문이지, 결코 아인슈타인의 상대성이론에 근거를 부여했기 때문이 아니었다. 이 무렵 상대성이론은 아직도 그다지 신용을 얻지 못하고 있었으며 마이클슨에게도 이해권 밖의 일이었다.

그 후에도 그는 여러 가지 실험을 시도했다. 극히 미소한 길이를 측정할 수 있는 '마이클슨 간섭계'를 사용하여 지구의 일그러짐을 측정하고, 그것에 의해서 지구 내부가 액체가 아니라 강철과 같은 성질을 지녔다는 것을 제시했으며, 거성의 크기를 정확하게 측정하거나 하여 화제를 던졌다. 그러나 50년의 연구생활 후 생애의 마지막에 그가 기도한 실험은 처음과 같이 광속도를 측정하는 것이었다. 다만 그는 이 실험을 비교도 안 될 만큼 대규모로, 더구나 완전한 진공에 가까운 상태에서 하고 싶다고 바랐다. 거액의 연구비를 투입한 이 대규모 실험은 정확을 기해서 수백 번이나 행해졌고, 마이클슨은 병상에서 이것을 지휘하면서 79년의 생애를 마감했다.

그가 50년에 걸친 연구생활을 하고 있는 동안 한편에서는 전자, 원자핵, 방사선 그 밖의 현대물리학이 진행되고 있었다. 하지만 그는 그것들에는 일체 눈을 팔지 않고 무관심하게 지냈으며, 그런 일들에 대해서는 조금도 알지 못한다는 것을 감추려 하지도 않았다. 그의 길은 오직 한 길밖에 없었다. 연구생활에 지나치게 몰두했기 때문에 첫 아내와는 20년 후에 이혼했다. 그의 말년에 아인슈타인이 '당신은 왜 광속도 측정에만 집중해 왔는가?' 하고 물었을 때, 그는 '그게 너무 재미있었기 때문'이라고 덤덤하게 대답했다.

12. 고고함 사이에서 자기 주장을 입증한 '별난 사람'

P. 미첼

생명과학에서 해결하기만 하면 어김없이 노벨상을 획득할 수 있는 커다란 문제 몇 가지가 알려져 있다. 이를테면 대뇌의 작용 메커니즘이라든가, 발생 · 분화의 메커니즘이나 암의 성인(成因)의 해명 등이 그것이다. 세포 내 호흡의 메커니즘도 그것의 하나였다.

음식물로 섭취된 탄수화물은 세포 내에서 분해되어 결국 물과 이산화탄소가 된다. 이때 열로 방출되는 에너지의 상당한 양이 ATP(아데노신 3인산)의 인산의 결합 속에 흡수된다. 이것은 고에너지 인산결합(~P)이라고 불리며 모든 생체활동의 직접적인 에너지원으로써 사용된다.

문제는 어떻게 해서 ATP가 생성되느냐고 하는 데에 있다. 세포 내의 미토콘드리아라고 불리는 작은 입자 안에서, 탄수화물의 수소원자 또는 전자가 산소로 운반되어 가는 도중에서 ATP가 생성된다는 것이 그 메커니즘이다.

미국의 그린(D. E. Green)은 1940년대부터 이 산화적 인산의 연구에 몰두해 온 글자 그대로의 장로이다. 네덜란드의 슬레이터(E. C.

Slater)도 오랜 세월에 걸쳐 차분히 연구해 왔다. 젊었을 때 올림픽의 요트선수였던 미국의 찬스(B. Chance)는 여러 가지 측정기기를 개발하여 이 문제를 다룬 수백 편의 논문을 발표했다. 또 뒤늦게나마 같은 미국의 라커(E. Racker)가 단백화학으로부터 정력적인 작업을 했다. 또 있다. 스웨덴의 에른스터(Ernster), 미국의 레닌저(A. L. Lehninger), 보이어(P. D. Boyer)들이다.

이들은 ATP가 생성되기 전에 X라고 하는 중간자가 있다고 생각하고 이 X~P를 찾아서 노력을 거듭했다. X~P를 발견한 사람에게 노벨상이 주어지는 것이다.

답은 전혀 달랐다. X는 존재하지 않았던 것이다. 노벨상(1978년도 화학상)은 누구도 예상조차 못했던 별난 영국인 미첼(P. D. Mitchell)의 손에 넘어갔다. 그린과 찬스를 비롯한 경주에 진 사람들은 하늘을 우러러 불운을 한탄했다.

미첼은 1920년에 태어나 케임브리지대학을 졸업했다. 영국은 제2차 세계대전을 겪는 중이어서 가장 곤란한 시대였다. 미첼은 군에 복무한 뒤 연구실로 돌아와 세균의 대사물질의 투과성 연구로 1950년에 학위를 땄다. 지도자는 미생물학자 겔(A. Gale)이

P. 미첼

었다. 그는 조수의 자리를 얻어 학생의 실습을 지도하면서 5년간을 케임브리지에서 보냈다.

미첼은 생산적인 연구자는 아니었다. 체력이 없는데다 자주 병을 앓았고, 손을 움직이는 일보다는 사색에 잠겨 있었다. '세균과 바이러스 사이에는 커다란 차이가 있다'고 미첼은 생각했다. 생물의 최소단위로서 바이러스가 화려한 연구대상이 되었다. 바이러스를 조사하면 생명을 알 수 있다고 하는 그런 분위기였다. 미첼은 고개를 저었다. 세포막-생물에게는 외계를 구분하는 경계-이 바이러스에게는 없었다. 세균, 식물, 동물의 세포에는 불과 7nm(1nm는 1천만 분의 1cm)밖에 안 되는막이 있어서 세포를 감싸고 있다. 이 세포막에는 세포 속의 이온 조성을 일정하게 유지하는 펌프 구조가 있다. 이로 인해 세포 밖으로 나트륨이온을 방출하고 칼륨이온을 세포 내로 흡수한다. 그러기 위해서 ATP의 에너지가 사용된다. 케임브리지대학 생리학교실의 호지킨(D. M. Hodgkin)과 헉슬리(A. F. Huxley)는 오징어의 신경세포를 사용하여 이 나트륨펌프의 존재를 제시하고, 그것이 신경의 흥분 전달에 관여하고 있다는 것을 1952년에 밝혀냈다. 호지킨들은 1963년에 노벨 의학 · 생리학상을 수상했다.

세포막의 기능에야말로 생명현상의 열쇠가 있다고 미첼은 생각했다. 1956년에 에든버러대학의 생화학 강사가 되고서부터 미첼은 세균의 세포막 기능 연구에 착수했다. 그는 세균이 동물이나 식물의 세포 내 호흡기관인 미토콘드리아에 형태나 크기뿐 아니라 기능으로 보아서도 비슷한 데가 있다는 사실을 알아챘다. 미토콘드리아도 막으로 감싸여 있었다. 미첼은 세균에는 미토콘드리아가 없고 그 기능을 하는 호흡계는 세포막에 존재한다는 점에 주목했다.

세포막 위의 효소는 그 기능에 관해서 방향성이 있는 것이 아닐까 하고 미첼은 생각했다. 호지킨, 헉슬리의 나트륨펌프설에 의하면 세포막은 ATP를 소비하여 이온을 흡수하거나 방출하거나 한다. 그 역반응은 일어나지 않는 것일까? 이를테면 나트륨이온이 세포막으로 끼어들 때 펌프를 역회전시켜서 ATP를 만드는 일은 없을까?

미토콘드리아에서는 호흡물질로부터 빼앗긴 수소가 잇달아 전달되고 끝내는 산소와 결합하여 물을 만든다. 그때 미토콘드리아의 막 바깥으로 일단 수소이온이 방출되고, 그것들이 다시 막 속으로 들어올 때에 ATP가 생성되는 것이 아닐까? 이것은 지금까지 아무도 생각하지 못했던 아이디어이다.

미첼은 1961년에 이 아이디어를 '화학삼투설'이라는 제목으로 정리하여 영국의 주간 과학지 『Nature』에 발표했다. 반응은 전무했다. 미토콘드리아에서의 ATP의 생성은 미지의 중간체를 경유한다고 하는 생각이 지배적이었기 때문에, 미첼설은 아무도 상대를 하지 않았다. 케임브리지대학 시절의 동급생 모일(J. M. Moyle)이 혼자 따뜻이 지지해 주었을 뿐이었다.

에든버러대학의 강사 자리는 5년의 기한부였다. 종신직인 조교수로 승진하지 못하면 퇴직하거나 아니면 다른 곳으로 옮겨 가야만 했다. 미첼은 그의 '화학삼투설'을 조교수 승진을 위한 신청논문으로 제출했다. 그는 야심적인 새로운 아이디어를 인정해 줄 교수들의 존재를 믿고 있었다. 그러나 결과는 '노우'였다. 비현실적인 공상에 지나지 않으며, 실험적인 뒷받침이 이무것도 없다고 하는 것이 이유였다.

대학교수로의 길이 막혀버린 40세의 미첼은 암담해하지 않았다. 보통이라면 제약회사의 연구원으로서의 길을 택했을 것이다. 그러나 그렇게 하기에는 그의 연구에 대한 의욕과 자신의 학설에 대한 프라이드가 너무나 컸다. 다행히 미첼에게는 부모가 물려준 재산이 많았다. '고용살이는 이제 싫다. 자신의 연구소를 만들자!' 하고 생각했다.

스코틀랜드의 겨울은 추위가 심하다. 미첼은 해마다 겨울이 되면 영국 남부의 보드민이라는 시골에 있는 임대 별장으로 휴양을 가고 있었다. 런던 서쪽에 있는 기차로 5시간 남짓하게 걸리는 곳이다. 숲과 언덕이 이어지고 목장이 펼쳐지는 한적한 시골이다. 승마와 시내에서의 붕어낚시를 즐기는 것이 고작이다. 미첼은 보드민에 연구실을 만들기로 결심했다. 1962년, 미첼은 목장이 딸린 별장을 사기로 했다. 목장은 실로 65에이커(260,000m²)나 되는 광대한 것이다. 저택 자체는 1830년대에 세워진 낡은 것으로 석조 이층 건물이었다. 이 저택을 3,000파운드의 값을 깎아서 2,800파운드에 사들였다. 하기야 영국의 시골에는 17세기나 18세기에 세워진 석조가옥이 그대로 남아 있었기에, 19세기의 것은 그리 낡은 것이 못 되었다.

미첼은 '그린연구소'라는 간판을 낡은 건물에다 내걸었다. 그러나 당장은 황폐화한 방 수리부터 시작해야 했다. 여섯 명의 아이들을 위한 방이 필요했다. 주거와 연구실은 같은 건물 안에 공존했다. 목장의 소도 돌봐야 했다. 젖을 짜고 건물 수리에 쫓기고 있는 동안에 꼬박 2년이 지나갔다. 그동안에 나빴던 위가 말끔히 좋아졌다. 이때만은 사색의 미첼도 노동자 미첼로 변신해 있었다. 물론 완전한 농부가 되어버린 것은 아니었다.

어쨌든 2개의 방으로 구성되는 연구소가 생겼다. 생화학의 연구에는 원심기, 각종 측정기 등 값비싼 기기가 필요해 째째한 대학 등에서는 조달조차 못 하는 일이 많다. 하물며 자택에다 설치한 연구소라면 설비가 빈약할 것은 뻔한 일이다. 하지만 미첼에게는 자신의 아이디어를 시험하는 데에 필요한 최소한의 설비만 있으면 충분했다.

미토콘드리아를 쥐의 간장으로부터 추출하기 위한 호모지나이저와 냉각원심기, 게다가 감도가 좋은 pH계측기 정도가 주된 기기였다. 나머지는 피펫이니 시험관, 비커, 약품 등밖에 없다. 광전비색계는 이미 갖고 있었다. 고등학교의 생물실험실 정도의 세계에서도 가장 초라한 생화학연구소라 해도 되었다. 신청을 해도 정부의 보조금은 땡전 한 푼 나오지 않았다. 모두가 자체 조달이었다.

실험에 익숙하지 못한 미첼의 손발이 되어 준 것은 모일이었다. 미첼은 새벽 4시에 일어나서 자신의 학설을 사색하고 모일에게 지시할 실험 계획을 구상했다.

미첼의 아이디어에 따르면 무산소 상태 아래서 미토콘드리아의 서

스펜션(현탁액)에 호흡기질을 첨가해 두고, 이것에 산소를 통과시키면 pH의 저하가 일어날 것이다. 기질의 산화에 수반해서 수소이온이 미토콘드리아막 바깥으로 방출되기 때문이다. 이것을 실험을 통해 보여주는 것이 제일 좋다. 이것은 간단한 실험 같지만 pH 미터를 용기에 담은 채로 질소가스를 흘려 보내고, 거기에 일시적으로 산소를 통과시키는 것이라 좀처럼 잘되지 않았다. 모일이 유리세공으로 만든 용기를 여러 가지로 연구하여 가까스로 성공했다. 1966년에는 상당히 정리된 논문이 완성되었다. 이것은 미토콘드리아뿐 아니라 엽록체에서의 APT 생성의 기작(機作)에 언급한 역작이었으나 여전히 학계의 반응은 냉담하기만 했다.

그러나 미첼은 조금도 꺾이지 않았다. 더욱 의기왕성했다. 다윈(C. R. Darwin)은 자기 집에서 『종의 기원』을 완성하지 않았던가! 영국인에게는 달리 예를 찾아볼 수 없는 전통을 존중하는 자아가 강하다. 유행에는 눈도 돌리지 않고 오로지 자신의 '독창성'을 추구해가는 것이다. 그 강인한 정신은 기가 찰 만하다.

1970년대로 접어들자 미첼의 화학삼투설이 차츰 채택되게 되었다. 이유 중 하나로 찬스, 그린, 보이어 등 미국의 강력한 연구그룹의 연구가 장벽에 부딪히고 있었다는 점도 있었다. 몇 번이나 인산화 중간체가 발견되었다는 뉴스가 흘렀지만 그때마다 부정되었다. 그래서 X~P는 역시 환상의 존재가 아닐까 하고 의심하는 사람조차 나타났다.

미첼의 학설은 오히려 물리화학적인 견지에 입각하기에 생화학자의 사고와는 친숙해지기 힘든 것이지만, 그 노선을 따른 실험 자체는 설비와 인력을 갖춘 그룹에게는 용이한 일이었다.

덴마크의 식물생리학자 야겐도르프(Jagendorf)는 미첼의 광합성이론을 채택했다. 광합성은 식물의 엽록체가 태양광선의 에너지를 사용하여 탄수화물을 합성하는 반응이다. 이 반응에는 빛을 필요로 하는 명반응과 빛을 필요로 하지 않는 암반응이 있다. 식물에 단시간 빛을 쬐어서 캄캄한 곳으로 되돌려 놓으면 이산화탄소와 물로부터 탄수화물이 합성된다. 태양광선이 이용되는 것은 명반응으로, 여기서 물이 분해되어 산소와 수소가 생성되고 동시에 ATP가 생성된다. 암반응에서 수소와 APT가 사용되어서 이산화탄소로부터 포도당이 생성된다. 명반 응에서 APT가 만들어지는 메커니즘은 미토콘드리아의 경우와 마찬가지로 전혀 알 수가 없었다.

미첼의 생각으로는 ATP가 생성되는 곳은 바로 엽록체의 막 자체였다. 막을 사이에 끼고서 수소이온의 농도차가 생기고, 그것을 해소하기 위한 수소이온의 흐름으로 ATP가 생성되는 것이다.

야겐도르프들은 엽록체에 빛을 쬐이면 수소이온이 엽록체 내로 흡수되는 것을 관찰했다. 다음에 야겐도르프는 엽록체를 미리 pH 3.8의 산성용액에 단시간 동안 담가두고, 엽록체 내부에 수소이온을 넣은 뒤 ADP(아데노신2인산)와 P를 투여하는 동시에 외액을 알칼리로 했다. 그러자 ATP가 합성되었다. 이 실험은 어둠 속에서 이루어졌다. 이리하여 미첼설이 실증되었다.

1972년 미국의 라커의 연구실에서 일본의 가가와(자치의과대학 교수) 박사는 미토콘드리아의 막으로부터 ATP를 합성하는 효소를 추출하는 데 성공했다. 이 효소는 미토콘드리아의 막으로부터 구상으로 돌출해 있고, 수소이온의 통과와 더불어 ATP를 합성한다는 것을 알았다. 효소만으로는 역반응인 ATP를 분해하는 작용밖에 보이지 않았다. 가가와 박사들은 이 효소를 인공적인 막에다 넣고 복잡한 계열을 만들어서 수소이온의 농도차에 의한 ATP 합성을 제시했다. 보통 세포의 미토콘드리아의 효소는 추출하면 불안정해서 금방 작용을 잃고 만다. 가가와 박사들은 온천에서 자라는 호열균으로부터 안정한 효소를 추출했다.

세포막의 성분인 인지질은 물속에서 적당히 분산시키면 세포막과 마찬가지의 막을 만들고, 더구나 작은 주머니 모양이 된다. 이 인지질 속에 미리 호열세균으로부터 얻은 ATP 합성효소를 넣어두면 미토콘드리아막의 인공품이 만들어진다. 용액의 pH를 내려주면 수소이온이 소포(小胞) 내로 끼어들고, 그때 ATP가 합성된다는 것이 제시되었다(1977년). 가가와 박사들은 이 ATP 합성효소의 성분에 대한 각각의 작용을 연구 중에 있다.

미첼의 그린연구소로 라커의 제자가 찾아와 연구하면서 미토콘드리아의 ATP 생성의 메커니즘을 화학삼투설로써 설명할 수 있게 되었다. 미토콘드리아의 수소전달계열로 알려져 있는 여러 가지 성분은, 요컨대 호흡기질로부터 빼앗은 수소(이온)를 미토콘드리아의 막 바깥부로 방출한다. 그리고 그것이 안으로 되돌아올 때에 ATP가 합성되는 것이다. 이 견지에 따르면 세균은 미토콘드리아 자체와 같은 것이라고 생각하면 된다. 엽록체는 미토콘드리아의 겉과 뒤를 뒤집은 것이라고 생각하면 편하다. 미첼은 1974년에 영국 왕립협회의 회원으로 선출되었다. 좀 시기적으로 뒤쳐지기는 했지만, 영국의 훌륭한 연구자의 한 사람으로서 인정된 셈이다. 그리고 1978년에는 노벨 화학상에 빛났다. 소문에 의하면 나머지 두 사람이 상을 나누어 갖게 되어 있었으나, 네 번째 사람이 상에서 빠지게 되는 것을 극력 거부했기 때문에, 네 사람 이상에게는 상을 줄 수 없다는 내규에 위배된다고 하여 결국 미첼의 단독 수상으로 굳혀졌다고 한다.

푸르름에 둘러싸인 사립 그린연구소에서 미첼은 지금도 연구원 두 사람(한 사람은 모일), 기술자 두 사람, 비서 한 사람 모두 여섯 사람과 함께 작은 그룹으로 연구를 계속하고 있다. "small is beautiful"이라고 하는 것이 적합할지 모른다.

13. 정치와 인맥이 얽힌 세균학자의 수상

코호, 베링, 기타사토

코호(R. Koch)와 베링(Evon Behring), 기타사토의 세 미생물학자는 노벨상을 둘러싸고 이상한 인연으로 맺어져 있다. 코호는 파스퇴르와 더불어 세균학의 창시자다. 그의 문하에서 뛰어난 미생물학자, 세균학자가 배출되었다. 그중에서 1880년에 코호가 독일제국보건원에서 연구를 시작했을 때의 조수이던 뢰플러(F. Loffler) 및 가프키(G. Gaffky)를 따로 하면 기타사토는 코호의 가장 초기의 제자의 한 사람이라 할 수 있다.

코호가 1885년에 베를린대학 위생학교실의 교수를 겸하고 있을 때 들어온 학생의 제1호가 일본인 기타사토였다. 베링은 이보다 늦게 1889년에 코호의 조수가 되었다. 나이로는 물론 코호가 최연장자로서 1843년생이고, 이어서 기타사토가 1852년생, 베링은 1854년생이다. 베링은 1880년경부터 포젠의 육군의학연구소에서 미생물학의 연구에 착수했다. 이 점에서는 1883년 도쿄대학을 졸업한 후 도쿄 위생시험소에서 세균학자로 출발한 기타사토보다는 오랜 경력을 갖고 있다.

그러나 나이를 제외하고 연공 서열순으로 말하면 나이나 코호의 문하생으로 입문한 시기에서 기타사토는 베링의 선배에 해당한다. 1901년 의학·생리학 부문의 최초의 노벨상은 항독소혈청에 의한 디프테리아치료법을 창시한 베링의 손에 돌아갔다. 4년 후에는 세균학의 창시와 여러 가지 세균을 발견한 공적에 의해 코호가 수상했다. 기타사토는 노벨상과는 인연이 없었다.

이상이 표면상으로 나타나는 사실관계이다. '표면적'이라고 말한 것은 그 이면에 그다지 알려져 있지 않은, 그리고 부분적으로는 영원히 알 수 없는 진실이 숨겨져 있다고 생각되기 때문이다.

혈청 문제를 둘러싼 문제부터 살펴보기로 하자. 이 테마에 관한 베링의 첫 번째 보고는 기타사토와의 공동저술에 의한 '동물에서의 디프테리아의 면역 및 파상풍 면역의 성립에 대하여'(1890년)이다. 따라서 혈청요법의 창안자로서 베링의 이름만을 든다는 것은 일방적이며, 기타사토의 이름도 더불어 제시되어야 한다는 의견이 위의 논문이 두 사람의 공저였다는 형식론에서부터 대두된다.

R. 코호

그러나 연구의 진행 경과로 보아, 가령 전체적인 구상이나 실험 방법의 결정, 데이터의 해석, 결론의 도출이 모두 베링에 의해서 이루어졌고, 기타사토는 단지 베링의 지시에 따라서 움직인 것에 불과하다면, 주된 공적이 베링 한 사람에게 돌려졌다고 해서 부당하다고는 말할 수 없다. 과연 사실은 어떠했을까?

이 점에 대해서는 논문의 분석으로부터 몇 가지 실마리를 얻을 수가 있다. 1891년에 기타사토가 단독으로 발표한 논문 '파상풍 독소에 관한 실험적 연구' 중 면역혈청의 효과에 대해서 언급한 대목은, 베링과 기타사토가 공저한 논문의 실험보고 부분과 거의 글자 한 자, 말 한 마디 틀리지 않는다. 따라서 공저논문의 이 부분은 기타사토에 의해서 집필된 것이라고 추측할 수 있다. 그리고 이 부분만으로 혈청에서의 항독소의 존재 및 면역혈청의 예방, 치료효과의 증명이 완결되었다. 베링이 분담하여 집필한 것이라고 추측되는 부분으로는, 기타사토의 결과를 면역학 일반 가운데서 그 위치를 부여하는 논의가 기술되어 있는 데에 불과하다.

이상의 추측이 혈청요법 연구의 창의가 기타사토와 베링의 어느 쪽에 있었느냐고 하는 의문에 대한 직접적인 대답으로는 되지 않는다. 그러나 일본의 가와키다는『근대의학의 사적 기반』등에서 다음의 사실에 바탕하여, 베링의 창의를 인정하는 데에는 의문을 제기하고 있다. 첫째로 공저논문에서의 실험결과는 베링이 다루고 있던 디프테리아가 아니라, 기타사토가 연구하고 있던 파상풍에 관한 것이다. 둘째는 파상풍의 연구는 1891년의 기타사토의 단독논문에서 자세히 논급되었는데, 디프테리아면역에 관한 베링의 단독논문(1890년)은 요령 부득이다.

기타사토

E. von 베링

문제를 다시 다른 관점으로부터 검토해 보자 당초 코호 아래의 기타사토에게는 티프스균과 콜레라균의 산성배지, 알칼리성배지에서의 상태의 연구 등이 테마로 주어져 있었다. 그런데 이윽고 코호는 그에게 중요한 과제를 맡기게 된다. 그것은 파상풍 병인의 연구였다. 이 테마는 본래 코호의 수제자 가프키와 뢰플러가 취급하고 있었던 것인데, 그 순수배양이 잘되지 않아 기타사토에게 맡겨졌던 것이다.

코호는 당초 이 후진국에서 온 사나이에게 별로 큰 기대를 갖고 있지 않았던 듯하다. 후에 코호가 말한 바에 따르면, 기타사토가 순수배양에 성공했다는 것을 보고하러 왔을 때, 당장에는 그것을 믿을 수가 없어서 동물실험을 통해 확인을 하라고 재촉했다고 한다. 파상풍균의 순수배양이 그때까지 성공하지 못했던 원인은, 이 균이 혐기성균이었기 때문이다. 기타사토는 파상풍균이 한천배지의 표층에서는 집락(colony)을 형성하지 않고, 깊은 부분에 집락을 형성한다는 사실로부터 이 균의 혐기성을 알아냈다. 그리고 부흐너(E. Buchner, 1885년) 이래의 혐기성균 배양기술을 발전시켜, 수소가스 아래서 파상풍균의 순수배양에 성공했던 것이다.

어떤 세균이 특정 질병의 원인이라는 것을 확정하는 데는 코호의 요청이라고 불리는 세 가지 조건이 충족되지 않으면 안 된다고 되어 있었다. 첫째와 둘째 조건은 생략하고 셋째는, 그 세균을 순수배양하여 대를 거듭한 뒤 동물에 접종하면 문제의 질병이 다시 발현한다고 하는 조건이다. 파상풍균은 1884년에 니콜라이어(N. Nicolaier)에 의해서 거의 동정되어 있었지만, 순수배양이 불가능했기 때문에 셋째 조건이 충족되어 있지 못했다. 바꿔 말하면 기타사토에 의해 순수배양에 성공하여 비로소 파상풍균이 최종적으로 동정, 확인된 것이다.

이상의 성과는 '파상풍균에 대하여'(1889년)라고 하는 논문으로 발표되었다. 그러나 이 논문의 중요성은 이것에만 그치지 않는다. 기타사토는 파상풍균은 접종 후 급속히 소멸하듯이 보이지만, 접종된 마우스는 전형적인 파상풍 증후를 나타내기 때문에, 파상풍균은 독소를 산출하는 것이 아닐까 하고 생각된다고 말했다. 그리고 파상풍균 독소의 확정은 기타사토와 바일의 공저논문(1890년)으로 공표되었다. 파상풍 독소의 존재는 이미 다른 사람에 의해서 시사되고 있었다. 때문에 기타사토의 역할은 순수배양이라고 하는 세련된 기술에 바탕하여 그 시사를 정확하게 입증한 데에 있다. 어쨌건 파상풍 독소의 확인은 기타사토의 연구의 흐름에서부터 파생한 하나의 중요한 귀결이었다.

한편 베링은 1890년 무렵까지 어떤 문제의식 아래서 연구를 추진하고 있었을까? 포젠시대 이후 그의 흥미는 일관하여 화학약제에 의한 살균 요법의 추구에 있었다. 이 접근법은 코호식의 순수배양을 수단으로 하는 병원균의 동정(同定)연구로, 파스퇴르에게서 시작되어 코호도 결핵균에다 적용하려 했던 면역에 의한 예방과 치료법의 연구와는 좀 다른 발상에 바탕하고 있다.

베링의 주된 재료는 디프테리아균이다. 이것에 대해서는 화학적인 약제의 발견에 흥미가 집중되어 디프테리아균의 독소연구에는 1890년까지 관여하지 않았다. 다만 그는 1892년의 논문에서 요드흘름이 세균 자체보다는 세균 산생물(産生物)의 활성을 상실시키듯이 보이는 점에서 착안해 세균독소의 아이디어에 도달했다고 주장했다.

그러면 여기서 혈청요법의 창안자로서 베링의 이름만 드는 것의 가부의 문제로 돌아가자. 지금까지 설명해 온 것으로부터 기타사토의 경우, 파상풍균의 순수배양 → 세균독소의 확인 → 혈청요법의 창안으로 연구가 자연스럽게 흘러가고 있다는 것을 이해할 수 있다. 그러나 베링의 경우는 화학요법으로부터 면역요법으로 옮겨가는 데에 발상으로나 기술적으로 보더라도 당돌한 비약이 느껴진다.

좀 더 단적인 의견을 소개하자. 기타사토의 제자이며 그의 전기의 저자이기도 한 미야지마와 다카노는 기타사토의 혈청요법의 창의에 관해서 다음과 같은 사정을 공개하고 있다. 베링의 화학적 접근법의 성과가 지지부진하고 있을 때 기타사토가 파상풍으로 면역의 성립을 발견했기 때문에, 코호는 베링에게 디프테리아에 대해서도 기타사토의 방법을 적용하라고 명령했고 베링은 이것을 따랐다.

만약 앞에서 말한 방증이 진실이며 특히 미야지마와 다카노의 기술이 정확하다고 한다면, 혈청요법의 창시를 찬양하는 노벨상이 왜 베링에게만 돌아가고, 기타사토는 이것을 손에 넣지 못했을까? 이 점을 고찰하려면 아무래도 코호의 존재를 염두에 둘 필요가 있다. 더구나 문제는 두 가지로 갈라진다. 첫째, 가령 1890년의 공저논문의 필두 저자가 베링이 아니고 기타사토였더라면 베링의 노벨상 독점은 곤란했을 것이다. 1890년에는 두 사람이 모두 코호의 제자였다. 만약에 혈청요법의 창의가 기타사토의 것이지만, 베링의 정치력과 강압성에 의해서 기타사토가 제2저자로 물러서게 된 것이라고 한다면, 왜 코호는 이것에 개입하여 질서를 공정하게 다루지 않았을까? 둘째로 1901년의 노벨상 수상자 선고 단계에서 코호는 아무런 영향력도 발휘할 수 없었던 것일까?

첫 번째 점에 대해서는 추측할 실마리가 전혀 없다. 코호학파의 내부에 어떤 사정이 있어서 기타사토는 코호로부터 그렇게 할 수밖에 없다는 종용을 받았을까? 또는 코호는 문제에 개입할 힘을 갖고 있지 않았던 것일까? 아니면 실은 혈청요법의 발견은 역시 베링의 공적이었던 것일까? 뒤에서 말하듯이 기타사토는 코호를 거의 신격화할 만큼 그에게 심취해 있었다. 코호가 기타사토에게 부득이한 인과관계를 타일러,

필두저자를 베링에게 양보하게 했다고 한 것이라면 기타사토는 코호를 그토록 존경하지는 않았을 것이다.

기타사토는 그의 첫 제자이던 기타지마를 1897년에 베링에게 유학을 보냈다. 물론 사적 감정과 학문적 평가는 별개라고 하면 그렇기는 하지만, 미야지마와 다카노의 견해가 기타사토의 설명을 반영한 것이라고 한다면, 기타사토는 베링의 창의를 부인하고 있었다는 것이 된다. 그래도 그는 기타지마를 베링에게로 유학을 보냈을까? 기타지마도 또 베링을 좋게 말하고 있지는 않다.

두 번째 의문에 대한 해답에 대한 열쇠의 하나는 투베르쿨린 사건일 것이다. 코호는 1890년에 결핵치료제 투베르쿨린의 발견을 선언했는데 곧 그 무효성이 밝혀져서 한때는 그의 명성에 그림자가 드리워졌다. 때마침 디프테리아 항독소혈청의 연구로 유명해진 베링 주위에는 많은 연구자가 쇄도했기에, 1891년에 코호를 초대 소장으로 하여 설립된 전염병연구소의 내부에서는 베링그룹이 일대 세력부로서 성장했다. 그동안 코호와 베링 사이에는 감정의 파탄이 생긴 듯하다. 그리고 베링은 1894년 전염병연구소를 떠나 할레대학으로 옮겨 갔다. 또 기타사토는 이보다 앞서 1892년에 일본으로 귀국했다. 그 후 코호와 베링은 화해하는 일도 없이 연구상의 문제에서도 대립하는 일이 잦았다.

코호는 투베르쿨린의 당초의 실패에도 굴하지 않고 그 개량에 힘을 쏟았는데, 베링도 결핵의 면역으로까지 손을 뻗쳐 코호의 분야로 침입하여 두 사람의 의견 대립은 더욱 격화했다. 그리고 마침내 결핵요법의 특허 싸움으로까지 번졌다. 이 동안 기타사토는 시종일관하여 코호 측에 가담하였다.

기타사토는 독일에 있던 때에 이미 투베르쿨린요법에 관한 논문(1892년)을 발표했을 뿐 아니라 귀국한 후에도 후쿠사와의 비호 아래 개설한 양생원에서 줄곧 투베르쿨린요법을 실시했다. 연구면에서도 일본 소에는 결핵 감염이 없는데도 일본에서는 결핵 환자가 많다는 사실에 바탕하여, 소의 결핵균이 인간에게 감염되는 문제를 둘러싼 코호와 베링의 논쟁에 관해서 코호를 지지(1904년)하고 있었다. 기타사토의 코호에 대한 존경과 사모는 연구자들끼리의 인간적 관계를 초월하고 있었다. 기타사토는 코호가 죽은 후 연구소 안에 사당을 설치하여 스승의 머리카락과 손톱을 신주로 모시고 제사를 지냈을 정도였다.

베링으로 이야기를 되돌리면, 그에 대한 독일 왕실의 신임은 코호 이상으로 두터웠다. 그중에서도 특히 문화장관 아르토호프가 시종 그를 배후에서 지지하고 있었다. 헥스트화학회사와의 제휴(1892년), 할레대학(1894년), 마르부르크대학(1895년)에의 취임, 추밀의사고문관의 칭호(1895년)와 작위(1896년)의 취득 등은 모두 아르토호프의 후원에 의해서 가능했던 것이다.

1901년의 노벨상 수상도 이러한 정치적 원호 없이는 생각할 수 없을는지 모른다. 물론 노벨상은 정치적인 배경만으로 획득할 수 있는 것은 아니다. 그러나 현재는 수상자의 인선에 운동이 얽혀들고 있다는 것이 공공연한 비밀이 되려 하고 있다. 당시의 독일제국의 강대성도 고려에 넣지 않으면 안 될 것이다. 이것에 비해서 그 시기 일본제국주의의 위세는 아직 열세에 있었다.

코호, 기타사토와 베링이 학문적으로나 인간적으로도 대립하고 있던 시기에, 혈청요법 탄생의 기초를 만든 코호도 아니고, 혈청요법의 창시에 즈음하여 베령과 적어도 동등한 공헌을 했다고 생각되는 기타사토도 아닌 베링만이 제1회 노벨상을 수상한 사정에 관해서는 단언할 수 있을 만한 근거가 분명하지 않다. 그러나 이상의 상황은 추측을 위한 참고로서는 도움이 된다.

하기야 코호도 1905년에는 노벨상을 탔다. 그 근거로는 세균학의 창시라고 하는 추상적인 표현이 사용되고 있다. 그렇다면 첫번째의 수상이 되어도 좋았을 것이다. 코호가 이 이유를 들어서 수상하게 된 것을 부끄럽게 여기지는 않았을 것이라고 생각되지만, 그로서는 디프테리아와 비교해서 인류에게 훨씬 더 중대한 질병인 결핵의 예방과 치료법의 발견으로 수상하여, 자신의 명성에 금상첨화를 가져오는 게 진짜 소망이었을 것이다.

1890년의 투베르쿨린이 성공했었더라면, 아니 그 개량을 1900년까지 성공시켰더라면, 노벨상의 수상 경쟁에서 코호는 반역한 제자 베링에게 뒤지는 지경에는 이르지 않았을 것이다. 그리고 코호의 제자 중에서도 가장 충실하게 투베르쿨린요법을 지지했던 기타사토도, 가령 이 방법의 효능이 코호의 수상에 의해서 뒷받침 되었더라면, 혈청요법에 관한 상에 이름을 더불어 남길 수 없었던 한을 얼마쯤은 풀 수 있었을는지 모른다. 귀국 후의 기타사토는 페스트균의 발견(1894년)을 제외하고는 이렇다 할 업적을 올리지 못했으나, 제자의 양성과 지도 및 의사행정에 전념하여 그 공적이 컸다. 그는 1930년에 세상을 떠났다.

14. 연구의 창의성을 둘러싼 갈등 속에서의 수상

T.H. 모건과 H. J. 멀러

모건(T. H. Morgan)은 1933년도 노벨 의학·생리학상의 수상자이다. 그러나 그의 업적은 유전의 염색체설의 확립이지 의학·생리학과의 직접적인 관계는 없다. 하기야 그 후 유전생리화학이 발전하여 유전병에 관해서도 많은 지식이 얻어졌기 때문에, 그 점에서는 모건의 수상이 과녁을 벗어난 것이라고는 할 수 없다. 어쨌건 그는 그 전에도 두 번이나 수상 후보자로 등장했었지만 이 이유 때문에 그냥 넘어가고 말았다. 수상에 즈음하여 그의 입에서는 다음과 같은 감상이 뱉어졌었다는 전설이 남아 있다. "나는 의학자가 아니고 생물학자이다." 이 말은 노벨 생물학상에서 결락된 것을 꼬집은 말로도 들을 수 있을 것이다. 현재도 생물학자에게는 의학·생리학상이나 화학상이 할당되고 있다.

모건의 수상은 또 하나의 중요한 문제와 관계되어 있다. 수상한 것은 모건 개인이었지만, 그 영예의 대상이 된 연구에 공헌한 것은 모건뿐 아니라 그를 리더로 하는 모건학파 전체였다. 학파의 업적이 뭉뚱그려진 경우가 아니더라도, 하나의 커다란 연구성과는 흔히 많은 연구자

T. H. 모건

의 연계(반드시 협력을 말하는 것은 아니다)에 의해서 실현된다. 그러므로 한 사람 또는 극소수의 주인공만이 그것에 기여한 듯한 인상을 주는 것도 수상 제도의 난점이라고 할 수 있을 것이다. 뒤에서 설명하겠지만 모건의 사례에서는 이 난점을 꽤나 뚜렷이 지적할 수 있다.

그런데 복잡한 문제가 또 남아 있다. 한 사람의 주인공만이 영광을 축복받는 일은 피할 수가 있다고 하더라도, 현창(밝게 나타냄)해야 할 연구자들의 범위를 공정하게 인위적으로 한정할 수가 있을까? 공적의 정도나 범위가 연속되어 있기 때문에 어떤 선을 긋기가 어려울 뿐더러, 그것을 구분하는 기준이 편견에 따라서 좌우되는 위험을 무시할 수 없는 것이 아닐까? 그리고 이 편견은 연구자들 사이의 비뚤어진 인간관계에 의해서 낳아질 가능성이 있었다.

이 장에서는 이 점을 염두에 두고 기술해 나가려고 한다. 이 건에 대해서는 모건과 그 제자들의 미공표 노트, 편지류의 조사 및 관련자와의 면접에 의해서 많은 사실을 발굴해 낸 칼슨(E. A. Carlson)의 여러 저작에 힘입은 바 크다. 칼슨은 멀러(H. J. Muller) 밑에서 유전학을 공부한 생물학사가로, 멀러의 제자인 것이 그의 논조에 약간의 영향을 끼치고 있을는지 모른다. 그러나 그 자신은 공평한 입장을 취하려고 했고, 그 자료를 이용한 필자는 한층 더 공평하려고 노력했다.

우선 모건과 그 문하생들의 초기 공적을 상식적인 입장에서부터 할당해 두기로 하자. 모건의 첫째 공적은 1907년 또는 그 이듬해에 초파리를 유전학의 재료로 도입한 점에 있다. 다만 그가 등장하기 이전의 초파리의 유전학 전사(前史)에는 적어도 다섯 사람의 연구자 이름을 들어야 할 것이다. 그중의 한 사람인 패인(F. Pain)은 1907년 이래 모건 아래서 배운 대학원생이었다. 모건의 제2, 제3, 제4, 제5의 업적은 흰 눈 등의 돌연변이의 발견(1901년), 그 반성유전의 증명(1910년), 몇 가지 형질연쇄의 발견(1911년) 및 유전자 재조합의 발견(1911년)이었다. 연쇄나 재조합 현상은 이미 다른 연구자에 의해서 발견되어 있었지만, 유전학 속에서 각각의 현상에 정확한 위치를 설정하고, 연구의 발전에 기초를 닦은 것은 모건의 역할이었다. 그리고 그의 제6의, 더구나 최대의 공적은 그 자신과 제자들의 연구를 총괄하여 유전의 염색체설을 확립한 일이다.

다음에는 스튜어트번트(A. H. Sturtevent)의 역할에 대해서 언급해 두자. 그는 컬럼비아대학의 학생이었을 때 모건의 일반동물학 강의를 청강했다. 그 강의에는 유전학의 이야기는 포함되어 있지 않았던 것 같다.

그러나 청강생이었다는 우연한 인연을 들어, 스튜어트번트는 모건의 연구실을 찾아가서 경마용 말의 모피에 관한 유전계통을 밝힌 원고를 보였다. 그의 아버지와 형이 경마용 말을 기르고 있었던 것이다. 이것을 계기로 하여 1910년 이래 스튜어트번트는 학생의 신분이면서 모건의 연구실에 책상을 두게 되었다.

그는 그로부터 3년 후 유전학의 역사에서 기념할 만한 업적을 발표한다. 그것은 염색체지도의 착상과 작성(1913년)이었다. 이 연구에 의해서 염색체에서의 유전자의 선상배열이 확인된 것이다.

스튜어트번트를 이은 모건의 제자는 브리지스(C. B. Brideges)였다. 그도 또 컬럼비아대학의 학생으로서 처음에는 병을 씻는 아르바이트에 고용되었다. 하지만 매우 예리한 관찰력으로 돌연변이 발견의 명수로 활약하여 스튜어트번트와 마찬가지로 1910년 이후 정규 연구멤버로 들어가게 되었다. 그의 초기 업적에서 가장 유명한 것은 불분리(不分離)의 발견(1913년)이다. 불분리란 감수분열 때 상동염색체가 분리하지 않고 동일 세포로 들어가는 현상을 가리킨다. 브리지스는 이렇게 해서 생긴 XXY의 성염색체를 갖는 암컷의 유전을 조사하여 반성유전자가 X 염색체에 존재한다는 것을 거듭 증명했다.

그러면 마지막은 문제아 멀러에 대해서이다. 그가 컬럼비아대학을 졸업한 것은 1910년인데, 그 전부터 모건의 연구실에 출입하며 토론에 참가하고 있었다. 그러나 그는 모건학파 중에서는 비주류에 속한다. 왜냐하면 그가 학생시절에 이미 모건보다는 윌슨(E. B. Wilson)에게 끌리고 있었기 때문이다. 그리고 1920년 이후에는 지리적으로도 모건에게서 떠나 텍사스 대학으로 옮겨 갔다. 컬럼비아대학 시절의 멀러의 주요 업적은 유전자와 형질 사이의 복잡한 관련의 분석, 특히 치사(致死)유전자의 발현 연구(1918년)였다.

H. J. 멀러

이상이 상식적으로 알려져 있는 모건과 그 주요 문하생의 공적이다. 멀러에 의하면 연구실에서의 토론 가운데서 그가 제시한 착상이나 이론은, 보통 그에게 돌려지고 있는 업적 이외에도 모건학파의 업적 전체에 영향을 끼쳤다. 멀러가 들고 있는 사례 중 두 가지를 들어 두겠다.

하나는 스튜어트번트의 염색체지도의 연구와 관련되어 있다. 스튜어트번트는 교차율에 바탕하여 유전자 간의 상대적 거리를 계산하려 했으나, 동일 염색체 위의 여러 가지 유전자 간의 거리가 약간 정합하지 않는다는 것이 밝혀졌다. 캐슬(W. E. Castle)은 이 난점을 배제하려고 삼차원지도를 제안하기까지 했다.

멀러는 이 점에서 스튜어트번트를 도와 계산 거리를 작게 잡아서 이것을 합산하면 다교차(多交差)의 영향을 제거할 수 있을 것이라고 시사했다. 멀러는 또 브리지스의 불분리의 연구에 대해서도, 암컷의 생식세포에 Y염색체가 끼어들어 있다는 것을 추정한 것은 자신이라고 주장했다. 더구나 멀러가 특히 강하게 불만으로 생각하는 점은 스튜어트번트도 브리지스도 위의 멀러가 주장하는 공헌에 대해서, 논문을 통해 감사의 뜻을 나타내고 있지 않다는 점에 있었다.

만약 그의 주장이 사실이라고 한다면 문제의 두 가지 연구는 각각 스튜어트번트와 브리지스의 대표작인 만큼 사태가 심각할 것이다. 그러나 멀러의 주장이 사실인지 어떤지를 여기서 판정할 수 있을리가 없고, 또 그것은 그다지 중요하지 않다. 연구의 창의를 둘러싼 이 같은 갈등이 모건의 연구실에 존재했고, 그것이 다시 일반적인 적의의 원인이 되고 결과로도 될 수 있었다는 점에 주목해야 할 것이다.

이는 모건의 문하생 사이에서의 사건을 말한 것이지, 모건의 노벨상 수상의 권위를 떨어뜨리게 하는 것은 아니다. 하지만 우선 유전의 염색체설을 최종적으로 확인한 작업이 스튜어트번트의 염색체지도 작성과 브리지스의 불분리의 분석에 있다는 것은 거의 정설이다. 멀러가 한몫을 하고 있었는지 어떤지를 우선 따로 하여도, 이것은 모건의 공적이 아니다. 하지만 염색체설이 확인되기 전에 그것이 가설로써 연구의 추진력이 되었던 시기에, 그 가설을 채용하게 된 것이 모건의 창의로 돌려지게 된다면 그의 공적은 크게 평가되어야 한다. 그런데 멀러는 여기서도 자신의 역할을 강조한다.

1866년생인 모건과 같은 세대인 생물학자의 청년 시절에는 유전학은 아직 독립된 영역으로 의식되어 있지 않았다. 장년시절까지의 모건은 유전학자가 아니라 동물학자였으며, 동물학 중에서는 발생학에서 연구성과를 올리고 있었다. 이와 같은 경력과 관련하여 모건은 1910년까지는 유전의 염색체설에 대한 완고한 비판자로서 알려져 있었다. 그에 따르면 모든 세포는 동일한 염색체 조성을 지니고 있는데도 불구하고 다른 방향으로 분화할 수 있다. 이 사실은 유전형질을 담당하는 실체가 염색체라고 하는 견해에 반한다. 또 유전학 고유의 문제에 대해서도 개체 간의 형질의 차이와 염색체의 수, 형태의 차이 사이에는 대응관계를 볼 수 없다. 또 염색체 수와 일치하는 연쇄군은 알려져 있지 않다.

모건의 논거는 위의 여러 점에 있었다. 그렇다면 그는 어떠한 경과로 의견을 바꾸어 염색체설을 지지하게 되었을까? 이 건에 관해서는 완전하게 밝혀져 있지 않지만, 모건은 자신의 연구결과에 힘입어 염색체설을 승인하는 방향으로 밀고 나간 게 틀림이 없을 것이다.

모건은 본래 협의된 유전 연구를 위해서 초파리를 사육하기 시작했던 것은 아니었다. 진화메커니즘의 해명을 목표로 하고 있었다. 그는 자연 선택설에는 회의적이어서 드 브리스(H. De Vries)의 돌연변이설의 열성적인 지지자였다. 즉 돌연변이를 발견하기 위해서 초파리를 연구재료로써 채용했던 것이다. 그러나 최초의 2년쯤은 이렇다할 성과를 올리지 못했다. 그렇게 흥미를 잃기 시작하던 1910년에 이르러 흰눈을 비롯한 10여 종류의 돌연변이를 발견했던 것이다. 여기서 모건은 돌연변이체 사이의 교잡 연구에 착수하게 되어, 변이한 형질 중 몇몇이 X염색체와 더불어 행동한다는 것을 알았다. 이리하여 그는 유전을 결정하는 물질적인 실체가 염색체 위에 있다는 사실을 인정하지 않을 수 없게 되었던 것이라고 생각된다.

하지만 멀러로 하여금 말하게 하면, 반성형질이 X염색체에 존재한다는 사실을 인정한다면, 염색체설 전반을 승인하는 데까지 나가지 않을 수 없다는 것을 모건에게 인식시킨 건 멀러와 알텐브르크(E. Altenberg) 등의 학생이었다. 멀러들은 모건 아래서 초파리 연구에 참가하기 전부터 윌슨의 영향을 받아 유전의 염색체설에 강력한 확신을 품고 있었던 것이다.

정도를 가리지 않는다면, 멀러들의 논의가 모건의 견해를 바꾸게 하는 데에 영향을 크게 끼쳤을 수도 있다. 그러고 보면 염색체설을 가설로 채용한 공적을 모건에게 독점시키는 것은 역시 불공평하다고 생각된다. 그러나 20세기 전반 유전학의 지도자로서의 모건의 공적은 좀 더 다른 면으로부터 평가되지 않으면 안 된다. 동기는 어쨌든 간에 초파리라고 하는 놀라울 만큼 유익한 재료를 사용하여 본격적인 연구에 최초로 손을 댄 것은 모건이었다. 그것이 매우 유망한 분야라고 확인했기 때문에 멀러와 같은 선견지명이 풍부한 청년 연구자가 모건의 연구팀에 참가했을 것이다. 실제로 유전하는 변이(돌연변이)의 존재가 확인되고, 그것을 표지로 한 교잡 결과가 밝혀지지 않는 한, 유전학적 연구는 보다 앞으로는 한 걸음도 나아가지 못한다. 그리고 이 두 가지, 즉 돌연변이와 교잡의 결과를 초파리에서 처음으로 확인한 게 바로 모건 자신이었던 것이다.

결과적으로는 모건과 그의 문하생들은 저마다의 장점을 서로 제공해 가면서, 하나의 유력한 연구분야를 개척하여 독창적인 업적을 쌓아 나갔지만, 그 뒤에는 지금까지 설명한 반목이 계속되었다. 멀러의 모건과 모건의 직계인 스튜어트번트, 브리지스에 대한 반발은 이상의 소개를 통해 이해할 수 있을 것이다. 그렇다면 모건은 멀러를 어떻게 보고 있었을까? 그가 어떤 잡지의 편집자에게 보낸 편지 가운데는 다음과 같은 대목이 있다. "멀러의 태도는 항상 우리에게 적대적이었다. 멀러는 보통 그것을 분명히 드러내지 않도록 노력하지만, 우리는 그의 태도가 잘못되었으며 변명의 여지가 없다고 생각하고 있었기 때문에, 일관해서 이것을 무시하고 가장 우호적으로 그를 예우하고 있었는데도……."

앞에서 연구의 창의를 둘러싸는 감정의 알력이 보다 일반적인 적의의 원인으로도 결과로도 되었을 것이라고 지적했는데, 거기에는 연구실의 구성원들 사이의 출신, 성격, 사상 등 많은 요인의 차이가 관련되어 있다. 스튜어트번트와 브리지스는 학부생 시절부터 모건을 존경하여 그에게로 갔다. 멀러는 모건 개인에게 접근한 것이 아니었다. 유전학이라고 하는 유망한 새 분야에 강하게 끌렸기 때문에 그의 연구실에 들어간 것에 지나지 않았다.

또 모건 그룹의 개성에 대해서 말하면, 모건은 신중하고 회의적인 성격의 인물이다. 시야는 넓지만 논의가 이론에만 치우치지 않도록 제자들에게 훈계하고, 실험에 의한 검증의 중요성을 가르쳤다. 스튜어트번트는 온후한 인품이며 두뇌도 명석하고 토론의 조정자이기도 했다. 브리지스는 쾌활하고 사랑스러운 청년으로서 실험에서의 재능으로는 그룹 내에서 제일인자였다. 멀러는 이론가로서 뛰어났지만 성급하며 신경질이고 흔히 강압적으로 자기 주장을 강조했다.

사상적으로는 멀러와 알텐브르크는 급진적 · 좌익적이었으나 다른 멤버는 그렇지가 않았다. 한편 멀러는 우생학운동에 강한 관심을 품고 있었는데, 모건은 그에 비판적이었던 것 같다. 그는 인류가 생존투쟁의 한가운데에 있다고 하는 따위의 주장을 좋아하지 않았으며, 또 소수의 선량에 의해서 인류가 진보한다고는 생각하지 않았다. 멀러의 새로운 것을 좋아하는 성격과 모건의 신중한 성격이 사상적으로도 반영되어 있는 듯이 생각된다.

이 장의 서두에서 노벨상의 제도적 난점에 대해서 몇 가지를 지적했는데 그 밖에도 문제가 없는 것은 아니다. 이 상은 수상자가 업적을 올린 시점보다 훨씬 뒤에 가서 수여되는 일이 많다. 모건학파의 유전학은 1910년대 중반에는 이미 확립되었다고 보아도 되었지만, 모건이 수상한 것은 1933년이었다. 그러나 노벨상은 사망자에게는 주어지지 않기 때문에 요절하지 않는다는 것이 영예의 조건이었다. 또 같은 해의 상은 네 사람 이상에게는 나누어 주지 않는다는 관습이 있다. 이 장에서 다룬 건에 대해서는 모건, 스튜어트번트, 브리지스 및 멀러 네 사람이 공동으로 수상하는 것이 타당했겠지만 그렇게 되면 한 사람이 넘치게 된다. 모건은 사실 사적으로 스튜어트번트와 브리지스에게 상금을 분배했다. 따라서 그가 실질적으로 세 사람의 공동수상을 인정했다는 것이 된다. 그런데 오직 한 사람, 멀러는 사적으로도 영예를 분배받지 못하고 튕겨 나오고 말았다. 모건에 대한 멀러의 나쁜 감정은 이 사건 이래 한층 심각해졌다고 한다.

그러나 하늘의 섭리는 참으로 묘하다. 아니 사람의 섭리도 또한 묘하다고나 할까. 외톨이로 남겨진 멀러는 1946년도의 의학·생리학상을 단독으로 수상한다. 현창된 업적은 인위적 돌연변이의 성공(1927년)이었다. 모건은 멀러가 수상하기 1년 전인 1945년 12월에 사망했다.

15. 무승부로 끝난 뇌호르몬의 해명 경쟁

R. 길만과 A. 샬리

과학 연구에는 경쟁이 따르기 마련이다. 그리고 경쟁의 종점은 신발견이며 그것을 찬양하는 것이 상이다. 종점을 겨냥하여 연구자는 밤낮으로 연구에 몰두하지만, 그와 동시에 라이벌의 연구상태를 탐색하고 속이는 일도 경쟁에는 따르기 마련이다.

이런 세계를 1962년도의 노벨 의학 · 생리학 수상자인 왓슨(J. D. Watson)은 그의 저서 『이중나선』에서 생생하게 묘사하고 있다. "평범한 대학교수로 끝나기보다는 유명해진 자신을 상상하는 게 즐거울 것은 뻔한 일이다" 하고 박사학위를 취득한 뒤의 젊은 왓슨은, 구조를 알지 못하고 있던 DNA의 정체를 해명하여 잘되면 노벨상을… 하고 노렸다. 크릭(F. H. C. Crick)과 콤비를 짜서 구조의 핵심이 되는 데이터를 '훔쳐보기'도 하여 마침내 영예를 손아귀에 넣었다.

과학이라고 하면 얼핏 보기에 '깨끗'한 이미지가 있지만 그 뒤에서는 추잡한 행위가 버젓이 활보한다. 왓슨은 이 책의 서문에서 말한다. "페어 플레이의 정신과 야심이라고 하는 2개의 모순된 흡인력이 복잡하게 얽혀 있는 과학계에서, 이 DNA의 본질을 해명하는 과정이 별난 예외라고는 믿어지지 않는다"라고.

뇌의 시상하부로부터 분비되는 호르몬을 추출, 분석, 해명한 미국의 길만(R. C. L. Guillemin), 샬리(A. V. Schally) 두 사람도 DNA의 구조 해명 못지않은 치열한 경쟁을 전개하여 더불어 1977년도의 노벨 의학·생리학상에 빛났다. 미국의 과학잡지 『Science』의 N·웨이드 기자는 '제2의 이중나선 이야기'라고 하여 두 사람의 치열한 경쟁을 비유했다.

호르몬은 몸의 움직임이 원할해지는 데 중요한 역할을 하고 있다. 성(性) 성장, 출산, 스트레스 등에 특히 호르몬이 크게 관계되고 있다. 머리의 거의 중앙에 호두 같은 모양을 하여 뇌의 바닥으로부터 튀어나온 '뇌하수체'가 있다. 거기서부터 나온 호르몬이 혈액을 타고 전신을 순환한다. 갑상선 자극 호르몬(TSH), 성장호르몬(GH 또는 STH), 여포 자극 호르몬(FSH), 황체 형성 호르몬(LH), 부신피질 자극 호르몬(ACTH), 프로락틴 등이 그것이다.

이들 호르몬은 어떻게 해서 뇌하수체로부터 분비될까? 1950년에 영국 옥스퍼드대학의 해부학자 하리스(G. W. Harris)는 '뇌하수체 위에 있는 시상하부로부터 무엇인가 물질이 나와서 뇌하수체에 작용하고 그 결과 호르몬이 분비된다'고 하는 가설을 제출했다. 후에 길만과 샬리가 이 가설이 옳았다는 것을 증명했지만, 하리스가 발표하던 당시는 너무도 탁월한 사고방식 때문에 찬동자가 적었다. 때문에 당시 영국 수상의 과학고문이었던 해부학자 주커만(S. Zuckerman) 등은 하리스설에 반대하는 데이터마저 내놓고서 대항했다. 하리스는 자기 주장을 증명하려고 연구를 계속했지만 1971년에 사망했다. 만약 더 오래 살았더라면 길만, 샬리와 노벨상을 나누어 가졌을는지도 모른다.

길만은 1924년에 프랑스의 디존에서, 샬리는 1926년에 폴란드의 빌노에서 태어났다. "세련된 길만에 비해서 샬리는 흥분하기 쉬운 사람"이라고 전에 샬리의 상사였던 캐나다의 맥길대학의 M. 사프란은 말했다. 그의 말대로 두 사람은 참으로 대조적이다. 두뇌가 명석하고 냉철하며, 사람을 쉽게 접근시키지 않는 일면이 있으면서도 탁월한 지도력을 발휘하는 길만. 검붉은 얼굴에 싸우기를 잘하고 단순하여 희노애락을 그대로 드러내며, 도무지 머리가 좋아 보이지도 않는, 학자라기보다는 농부 같은 느낌을 주는 샬리.

R. C. L. 길만

두 사람은 잇따라 캐나다로 건너왔다. 프랑스의 의과대학을 졸업한 길만은 1953년에 몬트리올대학에서 학위를 땄다. 당시의 뇌 연구의 초점은 부신피질 자극 호르몬(ACTH)의 분비를 조절하는 방출인자(CRF, 다만 샬리는 방출호르몬=CRH=이라고 불렀다)를 발견하는 일이었다. 캐나다로부터 미국 휴스턴의 베일라대학으로 옮겨간 길만은 거기서 연구팀을 조직하여 CRF를 추적했다.

A. 샬리

한편 샬리는 맥길대학의 사프란 아래서 ACTH의 측정법을 개발하고 그것으로 1957년에 학위를 땄다. 길만은 막 박사 학위를 딴 샬리를 바로 자기 연구실로 불러들여 부하로 삼아 연구자금을 나누어 주었다. 샬리는 ACTH의 측정법을 활용할 수 있는 기회라고 생각하고 길만의 부름에 응했던 것이다. 공동연구는 5년간에 걸쳐 계속되었다.

그러나 CRF는 현재도 아직 정체가 포착되지 않은 난물이다. 샬리보다 먼저 길만 아래서 연구한 생화학자 한(W. Hahn)은 자신의 학위논문에서 "CRF는 이젠 진저리가 난다. 다른 학자가 나 같은 실패를 다시하지 않도록 이 논문을 썼다"고까지 말했을 정도다. 샬리는 CRF를 추출하려고 염소 머리를 부수어 뇌를 끌어낸 후 그렇게 모은 시상하부를 으깨어 여러 가지 성분으로 분류해 나갔다. 그러나 어느 점까지 가면 갑자기 CRF의 활성이 없어지고 그로부터는 아무리 해도 아무 것도 나오지 않는 것이었다.

상사인 길만은 내심 샬리의 조작이 서툴기 때문에 실패하는 것이라고 생각했을 게 틀림없다. 아무 성과도 없이 5년이나 지나자 두 사람 사이는 서먹서먹해졌고, 샬리는 1962년에 길만에게서 떠나갔다. 뉴올리언스의 재향군인병원에 새로운 연구실을 얻은 샬리는, 거기서 길만의 연구실에서와 똑같은 방법으로 연구를 재개했다. 이것은 길만에게는 중대한 사태였다. 어제까지의 공동연구자가 오늘은 라이벌로 바뀌어진 것이다.

여기서부터 과거의 동료끼리 불꽃 튀기는 경쟁을 시작하게 된다. 샬리는 씁쓸하게 길만과의 5년간을 회상한다. "참을 수 없을 만큼 싫은 시절이었다. 나는 그를 참을 수가 없었고 그 또한 마찬가지였다. 우리 두 사람은 동등한 역량을 가진 연구자로서 공동연구를 했어야 할 터인데도, 길만은 나를 단순한 기술자로서 노예처럼 다루려 했다. 가장 참을 수 없었던 것은 논문이었다. 나와 그의 이름을 번갈아 가면서 필두필자로 해야 할 것인데도 그는 내가 한 연구까지도 자기 것으로 차지하려 했다."

2살 아래인 샬리는 길만과 대등한 입장이라고 생각하고 있었지만, 길만은 자기가 보스이니까 샬리는 자기를 따라야 할 것이라고 생각하고 있었다. 길만은 말했다. "지난 5년이 마냥 별로였던 것만은 아니었다. 샬리가 뉴올리언스로 옮겨 간다고 해서 축복해 주었을 정도였다." 그러나 길만의 입장에서는 축복해 주면서 내보낸 상대가 자기를 라이벌로 삼으리라고는 꿈엔들 생각하지 못했을 것이 틀림없다. 더구나 자기의 아이디어, 연구장치까지도 고스란히 모방당한 것이다.

길만은 염소의 뇌로부터 시상하부를 추출했는데 샬리는 돼지로부터 추출했다. "내가 염소를 사용한다면 그의 재탕이 될 뿐이니까" 하고 샬리는 말했다. 그는 5년간에 걸친 길만과의 공동연구로 우수한 길만에게는 당해내지 못한다는 컴플렉스를 안고 있었다. 그러나 어떻게 해서든지 길만을 이겨야 하겠다는 생각에 불타고 있었다.

길만은 프랑스로부터 실험에 사용할 시상하부를 들여오는 루트를 텄고, 샬리는 소시지 회사로부터 그것을 공짜로 얻는 채비를 갖추어서 연구를 추진했다. 허나 아무리 한들 CRF는 포착되지 않았다. 그래서 두 사람 다 표적을 바꾸었다. 갑상선 자극 호르몬의 분비를 조절하는 갑상선 자극 호르몬 방출인자(TRF 또는 TRH)였다. 경쟁은 한층 백열화되었다. TRF의 해명에 걸었던 연구비는 길만이 연 평균 65만 달러, 샬리가 35만 달러에 달했다. CRF에 대한 해명을 7년이나 하고도 실패했고, 다시 6년이 걸렸지만 TRF의 성과는 오르지 않았다. 거대한 돈을 쓰는 두 사람에 대해서 '돈만 쓸 뿐 분석능력도 없다' '뇌 속에는 그런 물질이 없다'는 등 의문과 중상하는 소리가 높아져 갔다. 국립위생연구소(NIH)도 이제는 팽개쳐 둘 수가 없게 되어 '이대로 연구자금을 계속해서 주어도 되는 일이냐' 하며 1969년 1월 두 사람을 환문하기로 했다.

환문 직전, 길만팀은 27만 마리의 염소의 뇌로부터 1mg의 TRF를 분리하여 구조의 결정만 기다리고 있었다. 한편 샬리는 1966년에 TRF가 3개의 아미노산으로 이루어진다고 발표한 채 그대로였다. 길만의 진전에 놀란 샬리는 텍사스대학의 화학자 K. 포커스에게 분리시킨 TRF의 구조결정을 의뢰했다.

1969년 6월 30일 길만, 8월 8일 샬리의 차례로 구조해석의 논문이 잇따랐다. 9월 22일에 샬리, 10월 29일에는 길만이 연달아 TRF의 구조로 pyro Glu-His-Pro-NH_2라는 것을 발표했다. 논문의 발표순으로 말하면 샬리가 길만보다 1개월 이상 빠르게 구조결정을 한 것이 된다. 그러나 길만은 자기 팀 내에서 확실하게 분석을 계속하여 6월 30일의 논문에서 이미 내용적으로는 거의 TRF를 해명했다. 그것에 대해 샬리는 TRF를 추출했다고는 하지만 구조결정은 외부의 포커스에게 일임하고 있었다. 길만 쪽이 훨씬 더 착실하게 연구를 하고 있었다고 말할 수 있다.

샬리 쪽에서는 TRF의 해명은 자신의 업적이라고 주장하는 그 자신과, 구조결정이라고 하는 핵심은 자기가 했노라고 주장하는 포커스 사이에서 싸움이 벌어져 사이가 갈라졌다. 또 샬리에게 협력했던 튤렌대학의 바우어(C. Bauer)와도 갈라섰다. 후에 샬리 밑에서 일하게 된 일본의 마쓰오(미야자키의과대학 교수) 박사에게도 샬리는 끈덕지게 말했었다. "구조 연구를 메모한 종이를 어디에다 떨어뜨리지는 않았겠지? 바우어란 놈이 스파이를 시켜서 주워 갈 테니까 말이다."

어쨌든 길만과 대등한 일을 하여 자신을 가진 샬리. 많은 예산을 쓰면서도 샬리를 뿌리치지 못했던 길만. 라이벌 의식은 점점 더 치열해지는 가운데 다음 목표는 황체 형성 호르몬 방출 인자(LH-RF 또는 LH-RH)로 옮겨 갔다. 생식 관계를 관장하는 호르몬 LH를 컨트롤하는 것이므로 LH-RF의 구조를 알게 되면 의학적인 가치가 매우 크다.

거대한 연구조직을 가진 길만에게 대항하기 위해서 샬리는 일본인 아리무라(전 홋카이도대학 강사), 바바(산쿄연구원), 마쓰오의 세 사람을 연구팀에 참가시켰다. 1971년 1월 3일 샬리는 미국에 막 도착한 마쓰오에게 손가락 크기만 한 시험관을 건네주었다. 바닥에는 얼은 액체가 달라붙어 있을 뿐이었다. 10년이나 걸려서 16만 5천 마리의 돼지의 뇌로부터 모은 LH-RF 0.8mg이 이 속에 녹아 있다는 것이었다.

마쓰오 박사

"이것으로 구조를 결정하여 밉살스런 길만이란 놈에게 본때를 보여 줘야겠어. 놈은 겉으로는 방긋 방긋 애교가 좋지만, 나를 칼로 찔러 죽이려 하고 있을 테니까." 초면에 마쓰오가 들은 말은 길만에 대한 욕설이었다.

0.8mg이라고는 하지만 불순물을 제외하면 실제로 포함되어 있는 LH-RF는 이것의 3분의 1쯤밖에 안 되었다. 이런 근소한 양에 대해서 미량으로도 아미노산 배열을 결정할 수 있는 기술을 개발하고 있었던 마쓰오는, 시행착오 끝에 전부 10개로 이루어지는 아미노산 중 트립토판을 포함하여 한가운데의 4개의 배열을 확인했다. 나중에야 알게 되지만 트립토판이 포함되어 있는 것을 발견한 게 길만이 이기는 결정적인 수가 되었다.

그런데 나머지 6개의 아미노산을 해명하려 했을 때 샬리가 자신없이 말을 꺼냈다. "아무래도 저 길만에게는 이길 수가 없을 테니까 우리는 지금까지 분석한 것만이라도 발표해 두는 것이 어떨까?" "처음부터 길만에게 지겠다는 것인가. 올림픽과는 달라서 참가하면 된다는 게 아니잖아" 하고 마쓰오는 반발했다. "넌 정말로 이길 수 있겠어?" 하고 샬리는 그래도 불안한듯 마쓰오의 얼굴을 들여다보았다.

그러면서도 샬리는 마쓰오가 하는 일이 얼마나 고생스러운지 이해하지 못했다. LH-RF의 C말단과 N말단은 폐쇄된 형태로 되어 있기 때문에, 전체 아미노산 배열을 결정하는 것은 참으로 곤란하다. 단순한 샬리는 빨리 결과를 내놓으라고 재촉해서는 마쓰오들을 난처하게 만들었다. 그리고 마쓰오가 항의하면 얼굴을 새빨갛게 해서 화를 냈고, 금방 깡그리 잊어버렸다. 그런 샬리의 미워할 수 없는 성격이 연구하는 입장에서 마쓰오에게는 다행이었는지, 4월 25일 마침내 구조가 결정되었다. 샬리는 좋은 데이터가 나오면 기뻐서 금방 외부에 발설하려 하기 때문에, 막판에 이들 세 일본인은 샬리에게는 침묵으로 일관했다.

'이까지나 와 있었군. 이젠 우리가 이겼어!' 구조결정에 흥분한 샬리는 마쓰오를 얼싸안았다. 나머지는 언제 발표하느냐는 것이다. 5월 뉴욕에서의 심포지엄에서 마쓰오와 아리무라는 'LH-RF의 구조를 결정하고 합성도 완료했다'고 발표했으나 내용에 대해서는 언급하지 않았다. 샬리로부터의 명령이 있었기 때문이다. 6월 24일 샌프란시스코의 내분비학회는 샬리의 무대였다. 샬리가 발표하는 심포지엄의 좌장을 맡은 것은 숙적 길만이었다. "그는 좌장의 권한으로 나의 발표를 중지시킬지도 몰라. 음흉한 녀석이니까" 하고 말하고 있던 샬리는 의기양양하게 성과를 발표했다. 발표 중 가만히 패배를 참고 있었던 길만은 "축하하네" 하고 축복하는 냉정성을 지니고 있었다. 길만이 구조를 결정한 것은 그로부터 두 달 후였다.

완패한 길만은 1973년, 성장호르몬의 방출을 억제하는 인자, 소마토 스타틴을 정제하여 14개의 아미노산으로부터 구성된다는 구조를 밝혀냈다. 샬리는 3년 후에 겨우 결정할 수 있었으니까 이번에는 길만의 압승이었다.

두 사람은 1승 1패 1무승부의 전적으로 노벨상을 수상했다. 1957년에 공동연구를 위해서 만나고부터 20년만의 수상이었다. 수상식에 연구팀 전원을 데리고 간 길만, 재혼한 새 부인과 둘만이 참가한 샬리. 수상식에서 나란히 서 있는 두 사람의 사진을 살펴보면 서로가 외면하고 있는 듯이 보인다. 후일 길만의 초대를 받은 마쓰오는 길만의 집에서 노벨상 상장을 보았다. 동시에 수상한 여성학자 앨로(R. S. Yalow) 외에 샬리의 서명도 함께 적혀 있었다. 표정에 나타내지는 않았지만 길만이 이 서명을 불쾌하게 생각하고 있는 것은 분명했다. 그는 LH-RF에 이야기가 미칠 때는 특히 마쓰오의 업적을 높이 평가했다. 그렇게 함으로써 암암리에 샬리에 대한 화풀이를 하고 있는 것 같다고 마쓰오는 느꼈다고 한다.

그들의 불화는 서로에게 영향을 끼쳐가면서 내분비학의 진보를 가져왔다. 샬리는 뉴올리언스에서 쇳소리를 지르면서 부하를 질타했다. 길만은 샌디에이고의 초근대적 연구소에서 거대한 연구조직을 지휘하여 뇌내(腦內)물질에 대한 새로운 연구를 계속하였다.

16. 상반되는 결론으로 수상한 부자

J. J. 톰슨과 P. 톰슨

톰슨 부자 중에서 아버지인 톰슨(J. J. Thomson)은 1906년에, 아들인 톰슨(G. P. Thomson)은 1937년에 각각 노벨 물리학상을 수상했다. 이들의 연구는 모두 전자(電子)에 관한 것으로, 아버지 톰슨은 그때까지 진공방전의 실험 가운데서 음극선이라고 불리고 있던 방사선의 본체가 미립자(즉 질량을 가지며 그 실질이 좁은 공간영역 속에 집중하여 존재하고 있는 것)임을 실험적으로 증명했다. 아들은 그 전자가 간섭이라고 하는 파동성을 나타낸다는 것, 즉 그 실질이 공간적으로 어느 정도 확산된 상태로 존재하고 있다는 것을 실험적으로 증명했다. 즉 부자는 전자의 존재양식에 대해서 전혀 상반되는 결과를 각각 제출했던 것으로, 양쪽 모두 실험적으로 증명되어 있기 때문에 물리학자들은 이 서로 모순되는 결과를 그대로 받아들일 수밖에 없었다.

이 전자가 갖는 입자성과 파동성이라고 하는 모순을 어떻게 받아들이느냐고 하는 문제는 우수한 물리학자들 사이에 유명한 숱한 논쟁을 불러일으켜, 결국 현재도 이 해석문제는 진정한 결말이 나와 있지 않다.

물리학자들은 양자역학이라고 불리는, 전자의 행동을 정확하게 기술하는 수학형식, 즉 기초방정식을 얻어 수량적 계산에 성공했기 때문에, 말하자면 물리철학적인 해석문제는 적당히 중단하고 말았던 것이다. 그러나 톰슨 부자가 제출한 이 모순의 통일이라고 하는 문제는 장래 언젠가는 소립자론의 영역에서 다시 거론될 날이 올 것으로 생각된다.

J. J. 톰슨

이 부자가 각각 전자의 본질과 관계되는 실험을 성취하여 노벨상을 획득한 것은 결코 우연이 아니었다. 아버지 J. J. 톰슨은 개인으로서는 위대한 실험물리가였을 뿐 아니라, 새로이 개척되고 있던 실험물리학의 한 분야 즉 극미의 입자세계를 탐험하는 데 강력한 팀을 편성한 뛰어난 한 학파의 지도자였기 때문이다.

이 학파, 즉 케임브리지대학의 캐번디시연구소의 연구자들 가운데서는, 스승 못지않는 훌륭한 물리학자로 일컬어지는 러더퍼드(E. Rutherford)를 필두로, 이 극미의 입자세계를 탐구하는 탐험자가 속속 자라났다. 이 같은 분위기 속에서 성장한 아들 톰슨이 같은 분야에서 훌륭한 연구업적을 내게 된 것은 아마 자연적인 추세였을 것이다. 아버지 톰슨이 캐번디시연구소에 끼친 영향은 그만큼 넓고 깊었으며 또 길이 남겨졌고, 그 밑에서 연구방법을 배운 사람들에게는 7개의 노벨상이 주어졌다.

J. J. 톰슨은 1856년 맨체스터 교외에서 태어났다. 불과 14살에 맨체스터의 오우엔스 칼리지에 들어간 것으로 보아 어릴 적부터 성적이 좋았던 모양이다. 이 칼리지가 실험 실기를 가르쳤다는 점에서는 당시의 영국에서도 매우 드문 학교의 하나였다는 것은 그의 장래를 위해서 다행한 일이었다. 1876년 20살 때에 그는 케임브리지로 옮겨 가서 200년 전의 뉴턴(I. Newton)과 마찬가지로 트리니티 칼리지의 장학생이 되었다.

그는 여기서도 우수한 성적을 거두고 논문도 썼다. 그리고 1884년 그의 스승 레일리(J. W. S. Rayleigh)경이 캐번디시연구소의 교수직을 사직하자 그는 28살의 나이로 스승의 뒤를 이어 교수가 되었다. 이 점에서도 뉴턴의 경력과 비슷하지만, 주위로부터는 역시 너무 젊은데다 실험가로서의 경험도 부족하지 않느냐고 보였던 것 같다. 어떤 이사(理事) 따위는 아직도 새파란 아이를 교수로 선임하다니 하고 개탄하기조차 했다고 한다. 확실히 그는 손재간이 없었고 실제의 실험에 관해서는 일생 동안 기술조수에게 의존했던 면이 컸던 것 같다. 하지만 이것은 그가 위대한 실험물리학자였다는 것과 모순되는 일은 아니다. 그가 제자와 공동연구를 하는

G. P. 톰슨

일이 많았던 점은 오히려 한 학파를 키워 가는 데에 유리했을는지도 모른다. 어쨌든 그는 교수가 되고 얼마 후, 나중에 그의 최대의 업적이 되는 음극선의 연구에 착수했다.

당시의 물리학의 세계에서는 이미 물리학이라고 하는 학문이 해야 할 역할은 거의 다 끝난 듯이 생각되고 있었다. 인간의 감각으로 인지될 만한 정도의 크기의 자연현상은 대체로 뉴턴이론에 의해서 설명할 수 있었다. 또 뉴턴이론을 보완하는 전자기이론도 스코틀랜드의 물리학자 맥스웰(J. C. Maxwell)에 의해서 20년쯤 전에 완성되었다.

사실 맥스웰은 대물리학자로서 1879년에 사망할 때까지 캐번디시의 교수로 있었고 그 뒤를 톰슨의 스승 레일리경이 잇고 있었다. 이같이 거시적인 세계는 거의 다 연구되었다. 그 이후의 물리학에서 거대한 주제로 등장하게 될 미시적인 세계는 아직도 그 편린조차 거의 찾아볼 수 없었다.

음극선을 포함하여 기체방전현상을 주제로 하는 톰슨의 연구는 그 후 10년 동안이나 별다른 큰 성과를 가져오지 못했지만, 그래도 그는 끊임없이 연구를 계속해 나갔다. 이 10년에 걸친 준비기간이 그에게 이 분야에 관한 넓고 깊은 시야를 길러주어, 그 후 20년에 이르는 빛나는 톰슨학파를 형성한 것이라고 생각된다(그 후 그는 트리니티 칼리지의 학장이 되어, 캐번디시연구소의 운영은 제자 러더퍼드에게 맡겨졌다).

그리고 준비기간이라고 할 이 10년이 지난 후 케임브리지의 제도가 개혁되었다. 케임브리지는 그때까지의 폐쇄성을 타파하고 다른 대학의 졸업생이라도 우수한 논문을 썼다면 학사 입학으로 맞아들였다. 이것이 톰슨학파가 형성될 수 있었던 데 유리하게 작용했던 또 하나의 요인이 되었다. 1895년 10월에 이 제도가 실시되자 1시간도 채 못 되어 찾아온 사람이 후의 톰슨의 수제자 러더퍼드와 타운센드(J. S. E. Townsend)였다.

또 이해 11월에는 음극선에 대해서 온 세계 물리학자의 흥미를 끌게 하는 발견이 독일의 물리학자 뢴트겐(W. K. Rontgen)에 의해서 이루어졌다. X선(뢴트겐선)의 발견이다. 뢴트겐은 방전관 내의 음극선을 연구하다가 그 근처에 둔 형광판에서 강한 빛이 나오는 것을 발견하고, 그 원인이 음극선이 관벽에 충돌한 부분에서부터 복사된 눈에 보이지 않는 미지의 방사선에 의한 것임을 확인했다. 이 선이 사진 건판에 영상을 낳게 한다는 것과, 보통의 물질에 대하여 투과성이 매우 강하다는 것 등이 연달아 확인되었다.

J. J. 톰슨은 곧 이 현상에 관한 연구를 시작하여 뢴트겐이 발견한 수 주일 후에는, 이 X선이 실내의 공기를 전기전도성으로 만든다는 것을 발견했다. 이 X선이 음극선으로부터 생긴다고 하는 사실이 X선 및 음극선의 실체가 어떤 것이냐고 하는 점에서 물리학자들의 흥미를 크게 자극했던 것이다.

그 당시 음극선의 실체에 관해서는 두 가지 설이 있었다. 하나는 맥스웰이 그 존재를 예언하고 헤르츠(H. R. Hertz)가 실험적으로 만들어 낸 전자기파, 즉 에테르 내의 파동이라고 하는 견해이고, 또 하나는 그것이 물질입자의 흐름이라고 하는 것이었다.

당시 이 방면의 연구에서 독일의 물리학계는 일류급 수준이라고 보아지고 있었다. 이 독일의 고명한 물리학자들의 대부분은 음극선의 에테르파설을 지지하고 있었다. 그중에서도 헤르츠는 물질입자설에 대한 부정적인 실험결과를 80년대 전반에 이미 발표했다. 그것은 만약 음극선이 음전기를 띤 입자라면 두 장의 평행판 축전기 사이를 통과시킬 때 쿨롱힘으로 휘어질 터인데도 실제는 휘어지지 않았다고 하는 것이었다.

소장과학자에 불과했던 J. J. 톰슨이 캐번디시연구소원들을 거느리고 이들 저명한 물리학자들의 주장에 대항하여, 잇달아 훌륭한 결과를 발표해 나간 것은 실로 장관이었다. 그러므로 후에 있은 그의 노벨상 수상 이유에는 '기체의 전기전도에 관한 이론적 및 실험적 연구에서 보여 준 위대한 공적을 인정하여'라고 적혀 있으며 '위대한 공적'이라고 하는 달리 예가 없는 찬사가 첨가되어 있었다.

J. J. 톰슨은 1897년에 이것에 관계되는 최초의 논문을 발표하여 헤르츠의 실험이 그릇된 결과를 주게 된 이유를 해명하면서, 음극선이 하전입자일 가능성을 제시하고 또 그들 입자의 대전량 e를 측정하려고 시도했다. 헤르츠가 틀렸던 이유는 음극선이 X선과 마찬가지로 주위의 기체를 전기전도성으로 만든다는 것을 간과한 점에 있었다. J. J. 톰슨은 이 전기전도성이 무엇에 기인하는 것인가를 러더퍼드와 함께 연구하여, X선이나 음극선과의 충돌에 의해서 기체의 분자가 음과 양의 이온으로 갈라지기 때문일 것이라고 추정했다. 이 음과 양의 이온이 극판

쪽으로 흘러가서 극판의 대전효과를 중화시켜 버리기 때문에 헤르츠와 같은 오인이 일어났던 것이다.

이어서 J. J. 톰슨은 음극선이 질량 m을 갖는 입자라고 한다면, 그 m의 값을 결정해야 하겠다고 시도하여, 음극선을 자기장 속에 넣어 그 진로가 휘어지는 곡률을 측정함으로써 m/e의 값을 결정하는 실험을 했다. 이 실험에서 그는 방전관 내의 기체를 바꾸거나, 음극판의 금속의 종류를 바꾸어 보거나 하며 실험을 반복했다. 이를 통해 어느 경우에도 m/e의 값이 거의 동일하게 된다는 것과 또 그 값은 수소원자이온의 m/e에 비해서 약 1,000분의 1의 작기라는 것을 실증했다. 이 결과로부터 그는 음극선입자의 실체에 대해서 대담한 가설을 제창했다.

그것은 이 입자가 수소원자의 1,000분의 1의 작기라는 것과, 또 이 입자가 모든 물질원자에 공통되는 보편적인 성분이라고 하는 생각이었다. 이것이 전자의 발견이었다. 그러나 J. J. 톰슨 자신은 '전자'라는 명칭이 아니라 '미립자'(Corpuscle)라는 명칭을 좋아했다. 이 발표와 때를 같이하여 실험가 제만(P. Zeeman)과 이론물리학자 로렌츠(H. A. Lorentz)는 '제만효과'라고 불리는 전혀 별개의 현상으로부터, 원자 내에 하전 미립자가 존재하고, 그 m/e의 값은 수소원자의 약 1,000분의 1정도라는 것을 제시했다. 이것의 동시 발견에 의해서 지금까지 극미의 입자로 치고 있던 원자보다도 훨씬 더 작은 입자가 존재한다는 것, 그것들에 관한 실험도 할 수 있다는 사실이 밝혀졌다.

J. J. 톰슨은 다음에는 이 입자 1개의 대전량 e의 정확한 측정도 시

도했는데 그 기초가 된 것은, 그의 두 제자가 연달아 고안한 새로운 실험방법이었다.

첫째는 윌슨(C. T. R. Wilson)의 '안개상자'의 발명이다. 이것은 과포화 수증기 속에 미립자를 넣으면, 이 미립자를 핵으로 하여 물방울이 생기고, 물방울의 집합인 구름이 발생한다는 것, 그리고 이 물방울의 발생 효과는 하전입자 쪽이 매우 크다고 하는 발견에 바탕했다. 미립자 자신은 아무리 작더라도 그것을 핵으로 하여 훨씬 큰 물방울이 만들어지면 관측할 수가 있는 것이다.

두번째 방법은 타운센드가 연구한 것으로써, 이 물방울을 낙하시켜 낙하 속도를 측정함으로써 물방울의 크기를 알아내는 것이었다. 구름의 전체 질량과 물방울 1개의 질량(평균)으로부터 물방울 수를 알 수 있었다. 구름이 갖는 전체 전기량을 물방울 수로 나누면 1개의 미립자의 대전량을 알 수 있었다. J. J. 톰슨은 이들 방법을 음극선 입자에다 적용하여 그 하전량 e를 정확하게 결정했다. 또 J. J. 톰슨의 제자 윌슨(H. A. Wilson, 안개상자를 발견한 C. T. R. 윌슨과는 다른 사람)은 구름의 위아래에 전기장을 걸어 구름의 침하(가라앉아 내림) 속도가 어떻게 바뀌어지는가를 측정함으로써 하전량 e를 더욱 정확하게 결정하는 방법을 고안했다.

이리하여 캐번디시연구소에서 톰슨학파 사람들은 극미의 세계의 지식과 그 탐구방법을 연달아 개척해 나갔던 것이다. 그리고 그 후의 J. J. 톰슨의 제자들에 의해서 이룩된 업적의 극히 몇 가지를 들어 두기로 하자.

J. J. 톰슨이 전자를 발견한 후에 원자의 구조를 상정한 유명한 '톰슨

의 원자 모형'이 있다. 그는 원자의 크기 가득히 양전기가 분포해 있고, 그 속에 작은 음전자가 산재해 있는 모형을 생각했다. 그러나 이 모형은 후에 러더퍼드가 고안한 실험에 의해서 완전히 깨졌다.

러더퍼드는 1911년 원자에 알파선을 충돌시키는 실험을 통해 양전기는 원자의 중심에 집중한 핵입자로 존재하고, 음전자는 그 주위를 돌고 있다고 하는 '태양계 모형'을 실증했다.

J. J. 톰슨은 또 진공 속에서 가열한 도선으로부터 나오는 음전기가 전자(그것이 나오는 방법에 따라서 '열전자'라고 불린다)인 것을 제시했다. 리처드슨(O. W. Richardson)은 이 연구를 계승하여 일련의 긴 실험을 거쳐, 그 전자 방출이 온도에 의해서 어떻게 바뀌어지느냐고 하는 '리처드슨의 법칙'을 발견하여, 그 후 통신용으로 중요하게 되는 진공관 제조기술의 기초를 만들어 1928년 노벨 물리학상을 수상했다.

J. J. 톰슨의 아들 G. P. 톰슨(1892년 생)도 또 아버지 아래서 연구를 시작한 한 사람이다. 그도 당연한 일로 전자에 관한 실험에 깊은 흥미를 가졌다. 1924년에 프랑스의 드 브로이(L. V. De Broglie)가 전자에 부수되는 파동(물질파)이라고 하는 혁명적인 생각을 제안했을 때, 그 파동의 존재를 검증하는 실험을 고안하여, 전자선에 금속 박막을 통과시킨 후 사진 건판이나 형광판에 충돌시키면 파동 특유의 회절상을 나타낸다는 것을 실증하여 전자파의 존재를 확인했다. 1927년에 그는 이 실험결과를 얻었을 때, 발표에 앞서 아버지에게 자세히 보고했다. 아버지는 이 훌륭한 실험에 대해서 칭찬을 아끼지 않았지만, 자기가 입자라는

것을 실증한 전자에 대해서, 물질파의 존재를 주장하는 드 브로이의 주장에는 역시 찬동할 수가 없었다. 때문에 제 자식이 얻은 결과를 어떻게 다른 방법으로 설명할 수는 없을까 하고 여러모로 연구하여, 그 설명을 아들에게 적어 보내어 의견을 구하기도 하고, 또 실험을 더욱 널리 응용하는 방법을 시사하는 등 애정에 넘치는 편지를 보냈다. G. P. 톰슨은 신중한 실험을 반복하여 결국 1928년에 이것을 발표했다. 그는 데이비슨(C. J. Davisson)과 협력자 거머(L. H. Germer)와는 약간 다른 방법으로 같은 해 드 브로이이론을 확인하여 G. P. 톰슨과 데빗슨은 더불어 1937년도 노벨 물리학상을 수상하게 되었다.

이같이 톰슨학파의 사람들은 J. J. 톰슨을 넘어서서 나아갔다. 하지만 이러한 사실은 J. J. 톰슨의 위대성을 조금도 손상하지 않았다. 오히려 그 위대성을 입증한 것이라고 할 수 있을 것이다.

17. 첫 논문으로 수상한 고독한 과학자

L. 드 브로이

드 브로이(L. V. De Broglie)의 가문은 매우 오래된 귀족집안으로 12세기에 이탈리아의 백작이었던 조상이 프랑스로 이주해온 뒤로 저명한 군인과 정치가를 배출했다. 18세기 중엽에는 세습인 공작의 칭호를 받았다. 이 가문의 기본적인 생활 태도는 현대의 노벨 물리학 수상자인 드 브로이에 이르기까지, 좀 고독하고 귀족적인 경향인 듯했다. 그의 물리학자로서의 근본 자세 역시 같은 경향을 띠고 있다. 현재도 이 사람의 정식 호칭은 공작 루이 드 브로이다.

18세기 경에 이 공작 집안의 영지 관리인이 된 사람이 프란소와 메리메(F. Merimee)라고 하는 인물이었다. 이 사람의 장녀 아우규스티누는 공작의 주선으로, 당시 공작 밑에서 일하던 장 프레넬(A. J. Fresnel)과 결혼했다. 이 두 사람 사이에서 태어난 차남 아우규스탄은 성인이 된 후 저명한 물리학자가 되어 빛의 파동설을 확립한 사람으로 알려져 있다. 이 빛의 파동설의 확립으로부터 꼭 1세기 후에 공작 루이 드 브로이가 물질입자도 파동이 부수되어 있고, 입자의 행동은 그 파동에 의해서 이끌어진다고 하는 혁신적인 물질파설을 창시한 것을 더불어 생각한다면 참으로 이상한 인연이라고 느끼지 않을 수가 없다. 사실 드 브로이는 프레넬의 사고방식에 큰 관심을 갖고서 물질파설을 고안해 냈는지 모른다. 그리고 여담이지만 아우규스탄의 어머니 아우규스티누의 동생이었던 레오르에게서 태어난 것이 유명한 문학자 프로스페르 메리메(P. Merimee)다. 따라서 이 저명한 과학자와 문학자는 사촌 형제간이었다.

L. 드 브로이

드 브로이는 1892년 두 누나와 두 형(그중의 한 사람은 이미 사망) 다음에 다섯 번째 아이로 태어났다. 형 모리스(C. Mauris)는 17년 위로, 후에 역시 저명한 물리학자가 되어 동생에게 영향을 끼친 사람이다. 당시에는 해군의 군인으로 있었으며, 물리학으로 전향하기로 결심한 것은 30세 가까이가 되어서였다. 그리고 그 이듬해인 1904년, 결혼한 모리스는 새집을 마련하고 거기에다 사설 실험실을 설치했는데, 그곳에서 후에 X선, 광전효과, 전자선회절 등의 유명한 실험이 태어나게 된다.

드 브로이는 어린시절부터 귀족적인 방식으로 가정에서 가정교사로부터 교육을 받았다. 1906년 아버지가 돌아가시고 형 모리스가 동생에 대한 교육을 책임지게 되자, 형의 의견에 따라서 고등중학교에 들어가게 되었다. 그리고 3년 후 이과계 및 문과계의 대학 입학자격시험에 동시에 합격했다. 이 무렵의 그는 수학에서는 보통 성적이었고 역사, 철학, 물리학 등에서 뛰어났다는 것은 주목할 만하다. 후의 그의 업적 내용과 더불어 생각해 보면, 이 사실은 그의 자질을 뚜렷이 나타내고 있기 때문이다. 그는 우선 역사를 전공으로 선택하여 문학사(文學士)가 되었는데, 과학에도 관심을 가졌던 그의 흥미는 차츰 과학사(科學史) 쪽으로 돌려졌다.

그의 장래의 진로에 커다란 영향을 끼친 것은 1911년, 그가 문학사가 되던 그 해에 벨기에의 브뤼셀에서 개최된 솔베이회의였다. 이것은 부유한 실업가 솔베이(E. Solvay)가 출자하여 열린 국제적인 물리학 회의이며, 당시의 세계적 물리학자들이 한자리에 모여서 토론하는 획기적인 시도를 하였다.

이 제1회 솔베이회의는 '빛의 양자론'을 주제로 삼았다. 이 이론은 종래 파동이라고 생각되어 왔던 빛의 실체가 사실은 입자라고 생각하지 않으면, 어떤 종류의 실험결과를 설명할 수 없다고 하는 혁신적인 것으로써, 1905년에 젊은 아인슈타인(A. Einstein)이 발표한 거였다.

아인슈타인 이외에 플랑크(M. K. E. L. Planck), 로렌츠(H. A. Lorentz), 푸앵카레(H. Poincare) 등이 얼굴을 갖추어 열렬한 토론이 이루어졌다. 이 회의에서 형 모리스는 스승인 랑지방(P. Langevin)과 함께 회의를 돌보면서 상세히 기록했다. 형이 가져다준 이 회의의 기록이 드 브로이에게 큰 감명과 감격을 안겨주어, 그는 다시 이학부에 학사편입을 하게 된다.

불운하게도 그가 이학사의 학위를 받고 얼마 후 제1차 세계대전이 발발하였다. 프랑스에서도 총동원이 실시되어 그는 무선통신대에 동원되었다. 물론 통신기술에 대해서 많은 것을 배우기는 했지만, 1919년의 동원 해제 때까지의 수 년간은 역시 연구에 있어 공백 기간이었다고 보아야 할 것이다.

다시 연구생활로 돌아온 그는 전시 중에 배운 전파관계 기술을 살려 형의 실험실에서 X선과 광전효과의 실험을 거들었다. 이 광전효과라고 하는 현상이야말로 아인슈타인에게 '빛의 양자론'을 착상하게 하는 원인이 된 현상이다. 드 브로이의 흥미는 다시 수년 전의 솔베이보고서를 읽은 후의 관심사이던 '빛의 양자론'으로 되돌아갔다. 빛에 대한 어떤 실험은 파동으로서의 빛을 나타내 보이고, 또 다른 실험은 입자로서의 빛을 나타내 보인다고 하는 이 모순을 어떻게 해결해야 할 것인가 하는 문제를 궁리하고 있는 동안에, 1923년 봄 갑자기 하나의 해결책이 나타났다. 빛에 대한 이 이중성을 그대로 받아들여서, 이것을 물질입자에도 적용하여 물질입자(특히 전자)에도 반드시 파동이 부수되어 있다고 생각하면 어떨까? 그렇게 하면 이 이중성은 이미 빛에 관한 특수한 성질, 설명을 필요로 하는 성질이 아닌 것으로 되어, 만물의 기본적인 성질로 바뀌어져 버리는 건 아닐까? 그것은 그때까지 예상조차 하지 못했던 방향으로부터 온 하나의 해결방법이었다. 이 경우 그가 현대물리학에 대한 관심뿐만 아니라 또 과학사적인 관심도 갖고 있었다는 것이 유리하게 작용하지 않았을까 하는 생각이 든다. 그는 예로부터 빛의 이론과 물질 입자의 이론이 자주 공통점이 많은 비슷한 수학형식으로 표현되어 왔다는 사실을 잘 알고 있었던 것이다.

드 브로이는 곧 이 착상의 이론화에 착수했다. 즉 전자와 그것에 부수되는 파동이란 어떤 간단한 수량적 관계로써 결부되어 있을 것이라고 직관하고, 이 관계를 나타내는 수식을 발견하는 데에 전력을 쏟았던 것이다. 이윽고 이 관계식은 그의 머릿속에서 명석한 형태를 취하기 시작했고, 그는 이것을 논문으로 정리하여 학위논문으로 제출했다.

최초의 본격적인 논문이었으나 대전으로 말미암은 5년간의 공백기가 있었기에 이때 그는 31살이었다.

이 학위논문은 형 모리스의 스승이며 당시 콜레쥬 드 프랑스의 교수였던 랑지방에게 제출되었다. 랑지방은 이 원고를 읽자 금방 그 독창성을 간파하고, 동시에 이것이 아인슈타인의 마음에 들 것이 틀림없다고 직관했다. 그래서 그는 이 논문의 사본을 만들어 베를린의 아인슈타인에게 보냈다. 아이슈타인은 그가 추측한 대로 이 논문의 사고방식에서, 자신의 이론과의 혈연성을 발견하고 랑지방에게 보낸 회신에서 이것을 격찬했다. 이에 드 브로이는 크게 힘을 얻었다.

이 학위논문은 1924년 소르본느에서 심사되었다. 심사위원은 랑지방 외에 페랑(J. B. Perrin), 카르탕(E. Cartan), C. 모갱 등의 일류 과학자들이었다. 그들은 이 논문의 잘 갖추어진 형식과 강한 설득력에 매료되고, 거기에 나타나 있는 깊은 지성에 강한 감명을 받았지만, 동시에 이 내용이 과연 물리적 현실과 적합한가에 대해서는 의문을 표명했다. 이 논문은 당시의 물리학 상식으로 보아서는 그만큼 의외이고 충격적인 것이었다. 페랑도 심사 후 모리스 드 브로이에게 "나는 당신의 동생이 매우 높은 지성을 가진 사람이라는 것밖에는 더 할 말이 없다"고 말했다. 이것도 이 논문의 내용에 대한 가치판단이 불가능했다는 것을 표명한 것이리라.

이 논문이 쓰이고 3년이 지났을 때에야 겨우 드 브로이의 독창적인 사고방식이 인정되는 기회가 왔다. 이 동안에 그는 두 번째 우수한 논문을 발표하였다. 입자와 파동을 결부시키는 그의 사고방식이 원자 내 전자의 궤도를 잘 설명할 수 있다는 것을 지적하는 논문이었다. 이것에 감명을 받은 슈뢰딩거(E. Schriidinger)가 드 브로이의 파동을 표현하는 수학적 개념, 즉 파동방정식을 고안하여 그것을 해석함으로써 원자내 전자의 상황이 정확하게 기술될 수 있다고 제시했다. 학위논문의 심사원들이 의심했던 논문 내용의 현실성이 이제서야 확실성을 나타내기 시작했다. 파동역학의 확립이었다.

E. 슈뢰딩거

그런데 한편, 이보다 앞서 1925년에 독일의 젊은 물리학자 하이젠베르크(W. K. Heisenberg)가 원자 내 전자의 상황을 마찬가지로 훌륭하게 기술하는 전혀 별개의 수학적 개념을 발표했다. 이 개념은 전자를 입자로 볼 뿐 아니라, 전자의 위치 및 운동량이라고 하는 종래는 연속된 것이라고 믿어져 왔던 것이 띄엄띄엄한 값을 취하는, 즉 이들의 양까지가 입자 구조를 취한다고 하는 사고방식이었다.

이들 2개의 이론 형식은 원자 내 전자의 상황을 모두 잘 기술하고 있으면서도 전혀 별개의, 오히려 상반되는 발상에 바탕하고 있었기 때문에, 이후 상당한 기간에 걸쳐서 논쟁이 되풀이되었다. 때마침 이 무렵 양쪽의 수학적 개념이 얼핏 보기에는 매우 다르면서도 그 실질적 내용에서는 동일하며, 상호간에 수학적 방법에 의해서 상대의 형식으로 옮겨 갈 수 있다는 것이 증명되었다. 때문에 어느 쪽도 상대를 완전히 부정할 수 없게 되어 논쟁에 결말을 짓기가 더욱 곤란하게 되어 갔다.

하이젠베르크의 선배 보른(M. Born)은 전자는 역시 입자이며, 그 파동함수는 전자의 존재 확률을 나타내는 데에 사용된다고 하는 '확률론적 해석'을 제창했다. 드 브로이는 이것에 만족할 수 없는데다 물질파라고 하는 것은 더욱 구체적인 존재이며 전자의 운동을 규제하는 것이라고 생각했다. 더 나아가 파동방정식에는 이 '확률파'와 '물질파'의 두 종류가 동시에 포함되어 있다고 하는 '이중해석의 이론'으로 생각을 추진시켰다.

그러나 그가 이 사고방식을 갖고 1927년의 제5회 솔베이회의에 출석했을 때 하이젠베르크, 그의 스승 보어, 보른, 파울리(W. Pauli)와 그 밖의 이른바 코펜하겐학파 사람들은 이 드 브로이의 견해에는 거의 아무런 주의도 기울이지 않았다. 또 슈뢰딩거는 반대로 파동성만을 강조하고 입자성을 인정하지 않으려는 입장을 취했기 때문에 드 브로이는 그와도 의견의 일치를 볼 수 없었다.

이쯤에서부터 드 브로이의 물리학자로서의 기본 자세가, 다른 물리학자들과는 근본적으로 다르다는 것이 분명해지기 시작하며, 물리학자로서의 고립성이 두드러지기 시작했다. 즉 뉴턴 이후의 물리학의 주류는 항상 자연현상을 기술하는 수학적 형식, 기본방정식이라고 불리는 것을 중시하고, 개개 현상에다 이 수학적 형식을 적용시켜서 현상의 진행을 수량적으로 대강 계산할 수 있으면 된다고 하는 입장이었다. 이에 대해 드 브로이는 그 수식에 포함되는 물리적 의미, 철학적 의미를 명석하게 파악하는 것을 관심사로 삼았다고 하는 점이 근본적인 차이였다. 말하자면 드 브로이는 자연철학자로서의 능력을 풍부히 갖추고 있었던 것이며, 이 점에서는 데카르트(R. Descartes)나 아인슈타인에 약간 가까웠다.

1928년에는 드 브로이파의 존재를 실증하는 회절실험이, 한편에서는 데이비슨(C. J. Devisson)과 거머(L. H. Germer), 또 한편에서는 톰슨(G. P. Thomson)에 의해서 수행되었다. 그 결과 드 브로이는 1929년의 노벨 물리학상을 획득하여 그 영예가 절정에 다다랐다. 그러나 그 이후 드 브로이는 같은 시대의 물리학의 주류에서 벗어나서 고독한 길을 걷기 시작했다. 이 시기에 그는 많은 저서를 출판했는데, 그 대부분은 반은 전문가를 대상으로, 반은 계몽서의 성격을 지녔다. 양자역학의 수학적 형식이 지니는 물리적 의미에 대해서 깊고 투철한 시선을 쏟아, 그 물리적 내용을 명석하게 이끌어 나가는 유의 저작이었다. 모두가 다 독자에게 깊은 감명을 주는 명저이기는 하지만, 그 어느 것도 물리학의 첨단을 가는 새로운 것은 없었다. 따라서 그는 물리학자로서는 최고에 속하는 사람의 하나로 생각되면서도 많은 물리학자로부터는 어딘가 일종의 과거의 유물인 것처럼 간주되어 왔다. 그러나 1950년대 이후의 그는 입자와 파동이라고 하는 이중성의 통합문제를 다시 거론하여 종래의 코펜하겐학파에 의한 양자역학 해석의 문제점을 명석하게 정리하는 활동상을 보였다. 이 정리는 현대의 소립자물리학이 앞으로 차츰 차츰 깊이를 제시해 나가기 위한 하나의 실마리로써 장래에 재평가를 받게 될는지도 모른다. 드 브로이의 고립은 뉴턴 이후의 수학적 형식을 중시하는 물리학자들 사이에 끼어든 자연철학자의 고립이라고도 할 수 있기 때문에.

18. 말썽 난 수상을 업적으로 반격

S. 오초아와 A. 콘버그

1961년 8월 초순의 일이다. 미국 뉴욕대학 의학부의 생화학 연구실은 모스크바로부터의 전보를 받고 벌집을 쑤신 듯한 소동이 벌어졌다. 미국 국립위생연구소(NIH)의 니런버그(M. W. Nirenberg)가 아미노산의 페닐알라닌에 대응하는 유전자 암호는 우라실(U)이라고 하는 물질이 3개가 이어진 UUU이라는 것을 국제 생화학회의에서 발표했다는 뉴스였다.

유전자 암호의 해독! 이것이야말로 오초아(S. Ochoa)가 노리며 그의 연구실에서 진행시키고 있던 연구인데도 선수를 빼앗기고 만 것이다. 하지만 승부는 이제부터이다. 오초아에게는 유력한 '비밀 무기'가 있었다. 성분을 알아낸 합성 뉴클레오티드였다. 이것을 사용하여 페닐알라닌 이외의 나머지 19종류의 아미노산 유전자 암호가 무엇인지를 결정하면 되는 것이다. 오초아의 연구실은 아연 살기를 띠기 시작했다. 손에 있는 합성 뉴클레오티드의 하나하나에 대해서 어느 아미노산을 단백질로 할 것인가를 시험해 나갔다. 인터내셔널 팀이라고도 할 젊은 연구자들, 스파이어(미국), 렌젤(헝가리), 바질리오(스페인)가 밤을 새워가면

S. 오초아

서 일하고 있었다.

불과 1개월이 채 못 되어 11종류의 아미노산 유전자 암호가 결정되었다. 9월 11일에 뉴욕 의학아카데미에서 세미나가 열리고 니런버그도 워싱턴 교외의 국립 위생연구소로부터 참가했다. 그러나 그의 발표 중에 모스크바회의에서의 내용을 웃도는 것은 없었다. 오초아는 만면에 웃음을 띠었다. '리턴매치'에 이겼노라고. 그것은 니런버그를 앞질렀다는 걸 의미하고 있는 것이 아니었다. 오초아 자신의 문제였다. 노벨상에 빛나는 그의 연구 '핵산 합성효소의 발견'에 말썽이 있었던 것을 멋지게 반격했기 때문이다.

오초아는 1954년 뉴욕대학 의학부의 생화학 교수가 되었다. 그는 가장 중요한 테마로 생명에너지물질 ATP(아데노신 3인산)의 합성효소를 채택했다. 세포 내 기관인 미토콘드리아에서의 산화적 인산화에 의해서 ATP가 생성된다는 것은 잘 알려져 있었지만, 그 메커니즘에 대해서는 아무 것도 알지 못하고 있었다. 오초아의 친구인 리프먼(F. A. Lipmann)조차도 포기하고 있던 어려운 문제였다.

오초아는 재료로써 질소고정균을 선택했다. 이 세균의 대사는 매우 왕성하다. 따라서 ATP의 생산 능력이 아주 높다. 세균 추출액에

ADP(아데노신2인산)와 무기인산을 첨가하여 ATP를 생성시키려는 것이 오초아의 아이디어였다. 그런데 추출액이 점점 끈적끈적하게 되어가는 것을 알았다. ATP 대신에 무엇인가 고분자인 폴리머(중합체: Polymer)가 생성된 것 같다고 오초아는 생각했다. 실제로 첨가한 ADP가 분해해서 AMP(아데노신1인산)와 무기인산으로 되었다. 그때 AMP가 중합해서 아데닌을 함유하는 RNA(리보핵산), 즉 폴리아데닐산이 생성되었다.

오초아는 ATP의 합성효소를 노렸지만 결과적으론 그 대신 RNA의 합성효소를 손에 넣었다. 이 효소는 ADP뿐 아니라 다른 뉴클레오티드, CDP(시티딘2인산), GDP(구아노신2인산), UDP(우리딘2인산)으로부터도 RNA를 합성했다. 그래서 '폴리뉴 클레오티드 포스포리라제'라고 명명되었다. 1956년의 일이다. 같은 시기에 오초아가 전에 워싱턴 대학 시절에 가르친 적이 있는 콘버그(A. Kornberg, 스탠포드대학)가 DNA 합성효소를 발견했다. 두 사람은 각자의 업적에 의해서 1959년도의 노벨 의학 · 생리학상을 수상했다.

이듬해인 1960년에 오초아의 효소는 사실은 RNA의 합성이 아니라 분해효소에 지나지 않다는 비판이 나타나기 시작했다. 오초아의 효소는 가역(물질의 상태가 한 번 바뀐 다음 다시 본

A. 콘버그

디 상태로 돌아갈 수 있는 것)적으로 다음의 반응을 중개한다.

$$\text{디뉴클레오티드} \underset{\text{RNA 분해}}{\overset{\text{RNA 합성}}{\rightleftharpoons}} \text{RNA + 무기인산}$$

그러나 합성 방향으로 진행하는 것은 유리그릇 안의 특별한 조건 아래서 뿐이다. 생체 내에서는 오히려 불필요하게 된 RNA를 분해하는 작용을 영위했다. 사실 RNA를 합성하는 전혀 다른 효소가 다른 연구자에 의해서 1961년에 발견되었다.

그릇된 해석인데도 그토록 바랐던 노벨상을 획득했다는 것은 참으로 유감스러운 일이다. 그가 발견한 효소에 정당한 평가가 이루어졌더라면 노벨상은 못 받았을 것이다. 오초아는 입술을 깨물었다. 그가 해야 할 일은 그 자신이 노벨상에 해당할 값어치가 있다고 인정할 수 있을 만한 일을 성취하는 것이었다.

생물의 첫 번째 특성은 양친의 성질이 자식으로 전달된다는 점이다. 그 유전에 관여하는 물질은 유전자에 존재하는 DNA(데옥시리보핵산) 바로 그 자체라고 하는 것은 이미 밝혀져 있었다. 그리고 DNA의 유전정보, 즉 뉴클레오티드의 배열 순서가 단백질의 아미노산 배열에 대응하는 것이 아닐까 하고 예상되고 있었다. 유전자의 DNA 정보를 단백질 합성에 전달하는 게 메신저 RNA이라고 생각한 것은 프랑스의 모노(J. L. Mono)와 자코브(F. Jacob)로서 1961년의 일이다.

유전자 정보의 해독에 먼저 성공한 사람은 니런버그이며, 오초아는 간발의 차로 뒤쳐지고 말았다. 그러나 오초아는 문제가 되었던 그의 'RNA 합성효소'를 사용하여 여러 가지 인공 RNA를 만들었다. 니런버그가 페닐알라닌이라고 하는 한 종류의 아미노산 유전자 정보밖에 결정할 수 없었던 데에 비해, 오초아는 그것들을 사용하여 10종류 이상을 해독할 수 있었다.

M. W. 니런버그

게다가 뉴클레오티드가 3개 늘어선 배열 순서가 유전자 정보라는 것도 확인했다. 또 한 종류의 아미노산에 대응하는 유전자 정보가 몇이나 남아 있음을 제시할 수 있었다.

오초아는 1962년 2월의 『뉴욕타임즈』 일요판에 '유전자 암호의 해독'이라는 기사를 발표했다. 신문을 연구 발표의 장소로 삼다니 괘씸한 짓이라는 험담도 들렸지만 거기에는 오초아의 집념이 나타나 있었다.

오초아는 1905년 9월 24일 스페인 북부의 루아르카라는 작은 읍에서 태어났다. 변호사이자 실업가인 아버지의 일곱 번째 아들이었다. 그의 아버지는 그가 7살 때에 돌아가셨지만 집안이 유복하여 학업을 계속할 수 있었다. 17살 때 마드리드대학의 의학부에 입학했고 특히 생리학에 흥미를 갖고 있었다. 학생시절에 영국의 글라스고대학의 생리학 교실로 유학하여 개구리 피부의 색소세포를 연구했다. 1929년에 마드리드대학을 졸업했는데 그 해에 개구리 근육의 크레아틴 함량의 정량법을 발표했다. 24살에 오초아는 베를린의 카이저 빌헬름 생물학연구소에서 유학했다. 이것이 그를 연구에 미치게 만드는 계기가 되었다. 현대생화학의 건설자의 한 사람인 마이어호프(O. F. Meyerhof)의 제자가 되었기 때문이다.

당시 마이어호프의 연구실은 해당계의 대사 경로를 해명 중이었다. 제1조수인 ATP의 발견자 로먼(K. Lohmann) 이하 리프먼(F. A. Lipman), 왈드(G. Wald), 루오프(A. M. Lwoff, 모두 후에 노벨상을 수상)들의 신진이 연구에 매진하고 있었다. 이 연구소에는 광합성의 권위 워부르크(O. H. Warburg)가 있었고 크레브스(H. A. Krebs)가 조수로 있었다. 이처럼 후년 생화학계를 걸머질 사람들이 떼지어 있었다.

오초아는 마드리드에서의 작업의 연장으로 근수축의 에너지 원인 크레아틴인산의 함량을 측정했다. 리프먼들과 베를린의 다방에서 커피를 마시면서 '우리의 과학은 어떠해야 할 것인가?'를 토론했다. 그들에게는 비관론이라고는 한 조각도 없었다. 미지의 세계를 헤쳐나가는 기개에 불타고 있었다. 한 걸음 한 걸음씩 끈질기게 말이다.

1931년 마드리드대학의 생리학 조교수가 되었고, 화가이면서 음악을 즐기는 칼멘 코비안과 결혼했다. 1932년부터 2년간 런던의 국립 의학연구소에서 부신(좌우의 콩팥 위에 있는 내분비샘. 겉질과 속질로 나뉘어 있어서 겉질에서는 부신 겉질 호르몬을 분비하고, 속질에서는 부신 속질 호르몬을 분비한다.)의 생리작용을 연구했다. 그 후 마드리드로 돌아왔으나 1936년에 스페인의 시민전쟁이 시작되어 연구는 커녕 오초아 부부는 조국을 떠나 망명길에 나서야 했다.

먼저 독일의 하이델베르크로 가 옛 스승 마이어호프를 찾은 다음 영국의 플리머스 임해실험소로 갔다. 1938년에는 옥스퍼드대학으로 옮겨가서 비타민B_1의 연구에 종사했다. 여기서 피르빈산의 대사에 대해서 중요한 공헌을 했다.

1939년 제2차 세계대전이 발발하여 부부는 미국으로 이주했다. 센트루이스의 워싱턴대학의 코리(C. F. Cori & G. T. R. Cori) 부부가 조수로 채용해 주었기 때문이다. 코리 부부는 포스포리라제의 발견에 이르는 당대사를 연구하고 있었다. 후년 사이클릭AMP의 발견으로 노벨상을 수상한 서덜랜드(E. W. Sutherland)도 연구하고 있었다. 오초아는 당대사 연구를 하면서 효소의 순수화와 그 작용의 해명이라고 하는 그의 생애에 걸치는 테마를 잡았다.

1941년 오초아는 뉴욕대학 의학부로 전임한 이후 세계적으로 보아서도 가장 활발한 효소 연구 그룹을 통솔하게 되었다. 효소라고 하지만 그 수는 1,000종류를 넘는다. 오초아는 특정 효소를 대상으로 한 것이 아니었다. 생체 내 화학 변화의 촉매로써의 효소, 즉 생명물질로써의 효소에 착안했던 것이다.

그는 미토콘드리아에서의 에너지 대사 경로 중 시트르산회로의 여러 가지 효소에 대해서 연구했다. 록펠러연구소의 리프먼과 더불어 오늘날의 시트르산회로의 완성에 크게 기여했다. 이를테면 해당계에서 생성된 피르빈산이 시트르산회로에 들어갈 때의 과정은 오초아, 리프먼, 독일의 리넨(F. Lynen)에 의해서 1951년에 밝혀졌다. 또 지방산이 합성되는 복잡한 경로도 오초아의 손에 의해서 중요한 부분이 밝혀졌다. 이것만으로도 충분히 노벨상의 값어치가 있었을 것이다. 리넨은 미국의 블로흐(K. Bloch)와 더불어 1964년도의 노벨 의학·생리학상을 받았으니까 말이다. 그릇된 발견으로 노벨상을 수상하여 마음이 괴로웠던 것은 오초아뿐이 아니었다. 함께 수상한 콘버그도 그러했다. 그의 'DNA 합성효소'도 실은 반대의 것인 분해효소였다. 콘버그도 명예 회복을 위하여 크게 노력했다. 그의 제자인 일본의 고(故) 오카자키(나고야대학) 교수들에 의해서 정확한 과정이 제시되었다. 현재도 콘버그는 DNA의 복제 메커니즘의 연구에 매진하고 있다.

오초아는 전혀 다른 길을 더듬어 갔다. 유전 암호의 해독에서 볼 수 있었듯이, 그는 도리어 잘못 발견했던 그 효소를 이용하는 역수를 써서 자신에게 씌워진 오명을 씻었다. 그는 다시 단백질의 생합성계의 메커니즘에 대한 연구를 추진했다. 즉 단백질 합성의 시작을 관장하는 단백질인자를 발견했다(1966년). 이 개시인자의 작용을 비롯하여 단백질 합성의 복잡한 경로를 연달아 밝혀낸 뒤 1974년에 정년으로 뉴욕대학을 퇴직했다. 그때까지 실로 246페이지에 이르는 연구논문을 발표했다.

오초아에 대한 평가를 낮춘 'RNA의 합성효소' 발견은 단순한 하나의 도표에 지나지 않았다. 그는 항상 앞으로 나아가고 있었다. 그때마다 생화학에 있어서 무엇이 가장 중요한 테마인가를 간파하고 그것을 효소의 작용에서부터 해명해 나갔다. 팀원을 소중히 하고 적재적소에 인재를 배치하여 리더십을 발휘했다. 깊은 통찰력과 천생의 낙천주의가 성공을 가져다 주었다.

오초아는 청춘시절에 체험한 생화학의 거인들의 생활방식을 모범으로 삼았다. 그러나 가장 큰 원동력은 호적수 리프먼과 겨루는 데에 있었던 것이 틀림없다. 조효소 A를 발견하고, 고에너지 인산 결합의 개념을 제창했으며, 단백질 합성을 연구했던 과거의 동료이다. 후에 오초아는 롯슈 분자생물학연구소에서 연구의 제일선으로 일하였다.

19. 세 번을 수상한들 우습지 않은 업적

F. 생거

“이 상은 이미 달성된 업적에 대해서 뿐만 아니라, 장래의 일에 대한 격려이기도 하다고 노벨(A. B. Nobel)은 말했습니다. 생거 군, 당신은 그런 의미에서도 노벨상을 수상할 자격이 있다고 우리는 확신하고 있습니다. 축하합니다.”

1958년 12월 10일의 노벨 화학상 시상식에서 선고위원장인 티셀리우스(A. W. K. Tiselius)는 40살의 화학자 생거(F. Sanger)에게 엄숙하게 말했다. 티셀리우스는 전기영동법에 의한 단백질의 분리 및 분석으로 1948년도의 노벨 화학상을 수상한 사람이다. 생거는 티셀리우스의 말이 바로 자신의 심경을 표현한 것이라고 마음속으로 되뇌었다. ‘노벨상에 값어치할 만한 일을 이제부터 해야 한다.’

20년 동안을 공들여서 생거는 이날 남몰래 자신에게 다짐했던 일을 성취했다. 즉 3대 생명물질인 단백질, 리보핵산(RNA), 데옥시리보핵산(DNA)의 정보 기본구조(1차구조)를 해명한 것이다.

생거는 1918년 8월 13일 영국의 렌드캄브에서 의사의 둘째 아들로 태어났다. 케임브리지대학의 존즈 칼리지에서 화학을 전공하고 1939년에 졸업했다.

F. 생거

생거는 분석화학의 기초를 배운 뒤 생화학의 연구로 나아갔다. 케임브리지대학의 생화학 교실은 동적생화학의 시조인 홉킨스(F. G. Hopkins)의 지도 아래 세계 생화학의 중심이 되어 있었다. 어느 편인가 하면 차분하고 견실하게 일을 추진하는 착실한 청년 생거는, 지도자로서 아미노산의 대사를 연구하고 있던 노이버그(A. Neuberger)를 선택했다. 테마는 리딘의 대사였다. 그렇게 3년간 이 연구를 하여 1943년에 박사학위를 받았다.

세포의 대표적인 구성 성분인 단백질은 거대한 분자이며 과연 일정한 구조를 갖고 있는 것인지 의문시 되고 있었다. 1926년에 섬너(J. B. Sumner)가 작두콩의 우레아제라고 하는 효소를 결정화하여 단백질이라는 것을 증명했지만, 그래도 순수한 물질인지 어떤지는 명확하지 않았다.

단백질이 아미노산으로부터 구성되고 펩티드 결합에 의해서 사슬 모양의 중합체를 만들고 있다는 것은 20세기 초부터 알려져 있었다. 그러나 20종류의 아미노산이 수백 개나 일정한 순서로 배열되어 있으리라고는 생각되지 않았다.

케임브리지대학의 생화학 교실 소장으로는 홉킨스의 뒤를 이어서 1943년에 치브날(A. C. Chibnall)이 취임했다. 그는 여러 가지 단백질의 아미노산 성분을 분석한 생화학자였지만, 홉킨스의 명성에는 도저히 미치지 못했고 평판도 나빴다. 생거가 박사학위를 딴 해에 치브날의 취임연설이 있었다.

치브날은 가장 자세히 연구되어 있는 결정단백질로 췌장호르몬인 인슐린을 예로 들었다. 1923년에 캐나다의 밴팅(F. G. Banting)과 베스트(C. H. Best)에 의해서 발견된 이 호르몬은, 1926년에 결정화되어 17종류의 아미노산으로부터 구성되어 있다는 것이 제시되었다. 치브날 자신도 아미노산의 정량법을 개발하여, 소의 인슐린에서 전체 아미노산의 96% 이상을 회수했다. 그것으로부터 인슐린의 분자량은 약 12,000에 불과하며, 따라서 약 100개의 아미노산으로부터 이루어져 있는 것이라고 생각했다. 아미노산의 조성이 일정한 것으로부터 아마도 인슐린 내의 아미노산의 배열 순서는 일정할 거라고 예언했다.

케임브리지대학의 대부분의 생화학자에게는 동적인 물질대사 쪽이 더 매력적이었기 때문에, 치브날의 이야기는 그다지 관심을 끌지 못했다. 그러나 단 한 사람 생거가 흥미 깊게 이 문제를 생각했다. 그때까지 아미노산의 대사를 연구하고 있었던 그는 아미노산의 동정(同定)과 정량(定量) 기술을 지니고 있었다. 실리카겔을 사용한 크로마토그래피는 손에 익은 것이었다. 본래 케임브리지의 생화학 교실에는 마르틴(A. J. P. Martin)과 싱(R. L .M. Syngs, 두 사람 모두 1952년도 노벨 화학상 수상)과 같은 크로마토그래피에 의하여 분석기술을 하는 전통이 있었다.

단백질은 각양한(모양이 여러 가지로 많은) 크기의 폴리펩티드의 혼합물에 지나지 않다. 따라서 엄밀하게는 동일한 화학물질로부터 이루어져 있는 것이 아닐까 하는 당시의 일반적 견해에 도전하는 데는 인슐린이야말로 가장 좋은 재료일 것이라고 생거는 생각했다. 그는 인슐린의 아미노산 배열의 결정을 자신의 테마로 결정했다. 다행히 베이트 기념장학금을 받을 수 있었기 때문에 그럭저럭 생활을 꾸려 나갈 수는 있었다. 그는 22살 때 마가레드 존 하우와 결혼하여 아이가 있었다.

1944년부터 일을 시작한 생거는 우선 방법의 확립에서부터 착수했다. 단백질이 1개의 폴리펩티드사슬로부터 되어 있다고 하면, 사슬에는 2개의 말단아미노산이 있다. 그 하나에는 아미노기가 유리되어 있고, 다른 것에는 카르복실기가 유리되어 있다. 미리 이들 말단에 표지가 될 화합물을 결합시킨 다음, 단백질을 분해하여 아미노산으로 만들고 그 표지한 아미노산을 동정시키면, 단백질의 아미노산 배열 결정의 첫걸음이 된다. 물론 표지의 결합은 가수분해 때에 분해하지 않는 것이어야 한다.

생거는 디니트로플루오로벤젠이라고 하는 황색 시약에 착안했다. 이 물질은 아미노기와 반응해서 DNP-아미노산을 만들고 가수분해의 조건 아래서도 안정하다. 그러므로 황색 아미노산을 동정하면 아미노 말단을 결정하는 것이 된다.

1945년에 발표된 이 방법은 생거의 방법이라 하여 현재도 널리 사용되고 있으며 DNP는 생거시약이라고 불리고 있다. 생거는 분자량

12,000의 인슐린 1분자당 2개의 글리신과 2개의 페닐알라닌이 아미노말단으로 존재한다는 것을 제시했다. 이것은 4개의 펩티드사슬로부터 인슐린이 생성되고 있다는 것을 가리켰다. 인슐린에는 S-S결합이 존재한다는 것이 이미 알려져 있었기에, 이들 4개의 사슬은 S-S결합으로 연결되어 있다고 생거는 생각했다.

이번에는 인슐린분자의 S-S결합을 절단하여 4개의 사슬을 분해한 다음, 각각을 분리시켰다. 인슐린을 개미산으로 산화하여 S-S결합을 절단하자 A, B의 두 성분으로 갈라졌다. A는 아미노말단에 글리신을, B는 페닐알라닌을 함유하고 있었다. 따라서 인슐린은 A, B 두 종류의 폴리펩티드사슬로부터 성립되어 있다는 것을 알았다. 1952년이 되고서 인슐린의 분자량은 6,000으로 결정되고, 12,000의 것은 다이머(이량체)라는 것을 알고서, 인슐린분자는 A사슬과 B사슬 1개씩으로부터 구성되어 있다는 것이 확정되었다. A, B 두 종류의 펩티드를 분리하고 N말단을 확립하기까지에는 4년이 걸렸다.

1949년부터는 대학원생인 한스 타피가 생거의 연구에 참가했다. 하지만 공동연구실의 한구석에서 두 사람이 공동연구를 했을 뿐이다. 이 연구가 B사슬의 아미노산 배열의 결정이다. 생거는 가수분해를 가감하여 N말단 근처의 4개의 아미노산 배열을 이미 결정해 놓고 있었다.

1947년에 마르틴과 싱은 크고 작은 펩티드를 간단히 분리하는 페이퍼크로마토그래피를 개발했다. 생거들은 이 방법을 사용하여 B사슬을 산으로 부분적으로 분해하여 여러 부분으로 구분하고, 각각의 아미노말단을 결정하여 서로를 비교했다. 또 트립신, 펩신 등의 단백분해효소를 작용시켜서 펩티드로 분해하고, 그것들을 여지전기영동법으로 분리하여 각각의 아미노산 배열을 결정했다. 이들 전체의 성과로부터 1951년이 되어 B사슬 30개의 아미노산 배열이 모조리 결정되었다. 다음은 A사슬이다. 에드워드 톰슨이라는 대학원생이 이것을 거들었다.

이것은 아미노산의 수가 21로 적지만, 시스틴잔기를 4개나 함유하고 있어서 까다로웠다. 산분해와 트립신, 펩신 분해를 조합하여 1953년에 전체 구조가 결정되었다. 또 아스파라긴산과 글루타민산의 카르복실기는 치브날의 방법으로 검정하여 아미드의 형태인지 혹은 유리되어 있는지가 결정되었다.

그러자 남는 것은 A사슬과 B사슬의 결합 방법이었다. 이것은 S-S결합에 기인한다는 것을 알고 있었다. 시스틴잔기의 위치도 이미 결정되어 있었다. 그러나 어느 시스틴잔기 사이에 S-S결합의 다리가 걸쳐져 있는 것인지를 결정하지 않으면 안 되었다. 이 때문에 인슐린분자 자체를 단백분해 효소로 분해하여, 시스틴잔기를 함유하는 펩티드를 분획(여러 구획으로 나눔)해서 아미노산조성을 조사한 뒤 A, B사슬의 배열 순서와 비교해 보았다. 그 결과 A사슬의 20번과 B사슬 19번의 시스틴 사이에 S-S결합이 있다는 것을 알았다. 또 A사슬의 7번과 B사슬의 7번 사이에도 S-S가교(架橋)가 발견되었다. A사슬의 6번과 11번 사이에도 S-S결합이 존재해 있었다. 이리하여 1954년이 되어 시작한 지 10년만에 인슐린의 전체 아미노산 배열이 결정되었다.

그동안 생거는 5편의 논문밖에 발표하지 않았다. 그러나 그것들은 단백질화학에 있어서 중요한 의미를 가졌다. 하나는 단백질이 일정한 아미노산 배열을 가진 단일 화학물질이라는 것을 확립한 점, 또 DNP법과 부분적인 분해법 등 단백질의 1차구조(아미노산 배열 순서) 연구법을 개발했다는 점에서였다.

생거는 유리닦이와 시약 만들기에서부터 실험은 물론, 마무리 계산, 논문의 타이핑에 이르기까지 모두 혼자서 했다. 조수도 비서도 없었다. 다만 한때 대학원생 한 사람이 공동으로 연구를 했지만 어디까지나 생거가 주체였다. 이 연구 과정에서 최후의 대학원생 브리안 하틀리에게 여러 가지 동물의 인슐린의 1차구조를 비교하게 하여, 그에게 가장 큰 단백질-효소의 1차구조 결정을 진행시켰다. 생거 자신은 인슐린으로 피리오드를 찍고 다른 작업에 착수했다. 보통 사람이라면 모처럼 인슐린(분자량 약 6,000)의 1차구조를 결정한 터이니까, 다음에는 더 큰 단백질을 조사했을 것이다. 그러나 생거는 이것은 대학원생에게 맡기고 자신은 전혀 다른 물질-RNA의 1차구조-뉴클레오티드의 배열 순서의 연구로 옮겨갔다. 아무도 생각하지 못했던 테마이다. 우선 방법의 개발이 문제이다. 그러나 이번에는 DNP법와 같은 적절한 표지가 발견되지 않았다.

인슐린의 구조 결정 후 수년만에 생거는 노벨상을 수상했다. 상금은 헌신적으로 봉사해 준 아내 마가레드에게 일임했다. 세 아이를 거느리고 가사에 쫓겼던 그녀는 이것으로 전기세탁기와 청소기를 살 수 있게 되었다고 무척 기뻐했다. 그 자신은 관리직으로의 승진을 바라지 않고 의학연구기관의 연구원의 자리에 머물렀다.

1962년 케임브리지에 훌륭한 분자생물학연구소가 완성되었다. 의학연구기관의 특별한 배려로 생거를 비롯하여 켄드루(J. C. Kendrew)와 페루츠(M. F. Perutz, 둘 다 1962년도 노벨 화학상 수상), 크릭(F. H. C. Crick, 1962년도 노벨 의학 · 생리학상 수상)과 영국이 자랑하는 생물과학자를 한 자리에 모아 세계를 리드하려는 것이었다. 생거는 4층의 단백화학부의 부장직을 맡았지만 결코 소장이 되려고는 하지 않았다. 어디까지나 현장 연구자로서 일관하려는 자세를 흐뜨리지 않았다.

생거가 RNA에 대해서 사용한 방법은 역시 페이퍼크로마토그래피이다. RNA를 RNA분해효소를 이용해 짧은 단편으로 절단하고, 그것들을 2차원의 페이퍼크로마토그래피로 분리한다. 각 획분(劃分)을 추출하여 효소 분해와 화학적 방법으로 뉴클레오티드 배열을 결정한다. 거기서 본래의 단편인 페이퍼크로마토그램 위의 위치를 알게 되면 그 구조를 즉각 알 수 있게 된다. 그런 다음 본래의 RNA의 단편을 조합하여 전체 구조를 추정하는 것이다.

RNA를 순수한 상태에서 대량으로 추출한다는 것은 지극히 어려운 일이다. 그래서 생거는 극소량으로 RNA의 구조를 결정하는 방법을 연구했다. 방사성인산을 대장균이나 효모의 배지에 첨가하여 증식시켜서 그것으로부터 RNA를 추출하는 방법이다. 페이퍼크로마토그래프는 암실에서 사진필름에다 감광시켜서 스포트를 검출하는 것이다. 이 방법도 생거법이라고 불리며 널리 사용되고 있다.

생거는 120개의 뉴클레오티드로부터 구성되는 대장균의 리보솜 5SRNA의 구조를 결정했다(1967년). 하기야 그보다 2년 전에 미국의 홀리(R. W. Holley)는 77개의 뉴클레오티드로부터 구성되는 효모의 알라닌전이RNA의 구조를 결정해 놓고 있다고 보았다. 그는 고전적인 방법을 사용했기 때문에 7년을 소요했다. 20종류의 아미노산에 대응하는 모든 전이RNA의 구조가 생거법에 의해서 1년 이내에 결정되었다. 홀리는 1968년도의 노벨 의학·생리학상을 수상했다. 생거도 함께 상을 타도 될 법했다.

이번에는 유전자 DNA의 뉴클레오티드 배열 순서의 결정이다. DNA의 배열 순서를 카피한 RNA의 뉴클레오티드 3개의 순서가 단백질 중의 아미노산 1개의 배열 순서를 결정한다는 것이, 1961년 이래 미국의 니런버그들의 노력으로 알려져 있었다. DNA의 1차구조는, 말하자면 유전자 정보 자체로 생명의 근본이라고 해도 된다. 그러나 유전자는 거대하기 때문에 도저히 그 구조는 알 수 없을 것이라고 생각되고 있었다. RNA의 연구에 종지부를 찍은 생거는 1973년부터 DNA의 문제를 다루었다. 물론 이것도 역시 방법의 개발에서부터 착수했다.

생거는 플러스·마이너스법이라고 하는 완전히 독창적인 방법을 2년간에 생각해 내었다. DNA의 단편을 취해서 그 단사슬을 거푸집으로 하여 새로운 DNA를 합성시키고, 그 합성 단편을 페이퍼크로마토그래피로 순서를 결정하여 어떤 스포트와 비교한다. RNA 때보다는 복잡하지만 150개의 뉴클레오티드 구조를 단번에 결정할 수가 있다. 이것들을 조합해서 전체 구조를 추정한다.

생거그룹은 2년도 채 못 되는 동안에 ΦX174라고 하는 작은 바이러스의 DNA의 전체 구조를 결정했다(1977년). 여덟 명의 연구자가 총력을 기울인 결과였다. 어지간한 생거도 혼자서는 불가능했다. 5,375개의 뉴클레오티드로부터 구성되어 있고, 같은 DNA 위에서도 해독하는 위치가 처져 있거나, 유전 정보로써 두 번이나 사용되는 부분도 발견되었다.

1977년 11월 30일 오후, 영국 왕립협회는 협회 최고의 코쁘레상(상금 1100파운드)을 생거에게 시상했다. 회장 토드(A. R. Todd, 1957년도 노벨 화학상 수상)는 생거에게 은메달과 표창장을 수여했다. 상을 받는 생거는 백발이 성성했지만 튼튼한 체구로 정력에 넘쳐 있었다.

"생거 씨, 당신은 단백질, RNA, DNA 등 생명현상의 기본 물질의 기능과 정보의 구조를 해명하셨습니다. 이것은 우리 세기 과학에 있어서 가장 위대한 업적의 하나입니다."

토드 회장이 찬양의 말을 했을 때 생거는 무엇을 생각했을까? 그는 플러스·마이너스법의 개발로 1980년 가을, 두 번째의 노벨상에 빛났다. 두 번이나 노벨상을 수상한 사람은 M. 퀴리(물리학, 화학), 폴링(L. Pauling, 화학, 평화), 바딘(J. Bardeen, 물리학에서 두 번) 이래의 일이다.

20. 누가 비타민을 발견했는가?

F. G. 홉킨스와 스즈키 우메타로

1929년 에이크만(C. Eijkman)은 '항신경염 비타민(B_1)의 발견'으로, 홉킨스(F. G. Hopkins)는 '성장 촉진 비타민의 발견'에 관한 연구로 노벨 의학·생리학상을 수상했다.

그러나 일본에서는 비타민의 발견자로는 스즈키 우메타로가 유명하고, 그 발견의 선취권에 관한 논쟁이 끊이지 않는다. 그는 현재 비타민 B_1으로 불리고 있는 3대 영양소, 염류에 이어지는 새로운 영양소 오리자닌을 발견하여 정제를 시도했었다. 각기(다발성 신경염)는 그것의 결핍으로 일어나는 증상이다. 『스즈키 우메타로 선생전』을 비롯한 몇몇 일본의 문헌에서는 스즈키야말로 비타민의 발견자라고 하는 것이 온당하다고까지 말하

스즈키

고 있다.

E. V. 매콜럼

그런데 외국의 비타민 연구사에는 스즈키가 거론되는 예라고는 거의 없다. 매콜럼(E. V. McCollum)의 『A History of Nutrition』(영양의 역사)에 '비타민의 발견'이라고 하는 장으로서가 아니라, '항신경염 비타민의 선구적 연구'라고 하는 장에 대한 기술이 있을 뿐이다. 더구나 거기서는 스즈키가 비타민B_1의 발견자라기보다는 니코틴산의 발견자로 받아들여지는 듯 기술되어 있다.

이처럼 일본과 외국에서의 평가의 차이는 어디서 온 것일까? 또 어느 쪽의 기술이 정당할까?

우선 비타민의 발견에 이르기까지의 사실관계에 대해서 살펴보기로 하자. 여기에는 2개의 독립된 연구의 흐름이 있다. 하나는 의학적 방향 -각기치료의 연구이고, 또 하나는 영양학적 방향- 완전 합성사료를 얻는 연구이다.

각기의 역사는 오래되며 주로 쌀을 주식으로 하는 민족에서 발생했기 때문에, 먼저 일본과 네덜란드령 동인도(현재의 인도네시아)에서 연구가 시작되었다. 일본에서는 군사적인 면에서 문제가 되어 해군 군의감 다카기는 1882~84년에 군대의 식사 개선에 의한 치료 효과를 연구했

C. 에이크만

다. 이 연구는 후에 세계적으로 알려지게 되어 해외에서는 스즈키보다 다카기가 더 유명하다.

본격적인 연구는 에이크만에서 시작되었다. 네덜란드 정부는 1886년 동인도에 각기의 원인을 조사하기 위한 위원회를 파견했다. 위원회는 병원균을 탐색하여 환자의 혈액 속에서 다형성 세균을 발견하고 그것이 원인이라 하고서 귀국했다. 이 조사에 참가한 조수 에이크만은, 조사가 끝난 뒤에도 바타비아(지금의 자카르타)에 혼자 남아서, 각기와 비슷한 다발성 신경염을 일으키는 닭을 실험동물로 사용하여 병원균설의 입장에서 치료 방법을 연구했다. 그러나 그것은 실패로 끝나고 병원균설로는 설명하기 어렵게 되자, 백미 속의 독소가 각기의 원인이라고 하는 독소설을 취하게 되었다. 그리고 쌀겨 속에 독소를 중화하는 치료 물질이 존재한다는 것을 제시했다(1890~97년). 여기서 그는 각기를 치료하는 물질이 쌀겨 속에 있다는 것을 발견했지만, 그것은 단순한 독소 중화물질이었지 영양소가 아니었다. 즉 그는 '비타민'을 발견했던 게 아니었다.

그가 귀국한 후 그리인스(G. Grijns)가 현지에서 이 연구를 계승했다. 백미 속의 여러 가지 성분을 검토한 그는 독소설로는 설명하기 어려운 사실도 있고 하여, 각기는 독소에 의해서 일어나는 것이 아니라 쌀겨 속의 미지의 성분, '보호 인자'의 결핍에 의해서 일어나는 것이라고 생각했다. 이것은 독소 중화물질을 신경영양인자로 다시 파악한 것이다. 여기서 '비타민'이 발견된 셈이다. 에이크만도 후에 이 견해에 동의했다.

그 후의 연구는 그 물질을 분리하고 정제하는 일로 돌려졌다. 수많은 비타민 연구자 중에서 불완전하게나마 정제와 결정화에 성공한 것은 스즈키와 풍크(C. Funk) 두 사람이다.

스즈키는 1910년 12월 일본의 도쿄화학회에서 '백미의 식품적 가치 및 동물의 각기성 질병에 대하여'라는 제목으로 연구 발표를 했다. 쌀겨로부터 알코올 추출과 인-올프람(텅스텐)산 침전 방법으로 부분적으로 정제한 것이 각기를 치료하며, 이것이 아직껏 알려져 있지 않은 새로운 영양소라는 것을 제시하여, 그 물질의 영양학상의 중요성에 대해서 설명했다. 1911년 1월에는 일본어로 된 논문을 발표하여 그 물질을 '아베리산'이라고 명명하고, 1912년 2월에는 결정화에 성공했다고 발표했다. 같은 해 7월에는 독일어로 된 논문 '쌀겨의 성분 오리자닌과 그 생리학적 의의에 대하여'를 독일의 생화학 잡지에 발표하고, 아베리산에 혼입되어 있던 니코틴산을 제거한 나머지의 유효성분을 오리지닌이라고 다시 명명하여 그것을 결정화했다.

한편 풍크는 스즈키와 거의 같은 방법으로 결정화하고, 다시 각기를 비롯한 각종 질병을 결핍증이라고 하는 새로운 개념으로 포괄시켜서,

C. 풍크

각각 1911년 12월과 1912년 6월에 영문으로 논문을 발표했다. 그 가운데서 결핍증은 별개의 예방인자의 결핍에 의해서 일어난다고 말하면서, 그 인자가 유기염기 같다고 하여 '비타민'(Vitamines 후에 Vitamins로 개명. 생명의 아민이라는 뜻)이라고 명명했다. 그리고 비타민은 동물의 대사에 중요한 역할을 하는 영양소라고도 설명했다.

한편 완전사료를 얻는 방향으로부터의 연구는 G. B. 분게로까지 거슬러 올라간다(1881~1891년). 그러나 그는 동물 영양에 있어 무기질의 역할을 중요시하고 새 영양소의 존재를 부정하여, 부정적인 결과로 밖에는 파악하지 못했다. 3대 영양소와 염류 이외에 우유 속(또는 그것으로부터 단백질, 지질을 제외한 유장 속)에 존재하는 미량이면서도 효과가 있는 미지 물질이 없으면 마우스가 생존 불가능하다는 것을 제시하여, 새로운 영양의 존재를 처음으로 상정한 것은(1905년) 페클하링(C. A. Pekelharing)이며 그에 의해서 처음으로 '비타민'이 발견되었다. 홉킨스도 마찬가지 관심에서부터 출발했다. 그는 영양의 에너지원으로써의 측면뿐 아니라, 질적인 측면이 중요하다는 것에 주목하여 연구를 추진했다. 그리고 동물은 3대 영양소만으로는 생존할 수 없고, 미량이면서도 질적으로 불가결한 인자가 필요하다는 것을 발견하여, 1906년의 강연 '화학 분석가와 의학자'에서 언급했었지만 정제에는 성공하지 못했다. 결국 라트에 의한 식이 실험의 결과만을 1912년 7월의 영문으로 된 논문 '보통의 사료 속의 부영양인자의 중요성을 가리키는 식이 실험'으로 발표했다. 거기서는 우유 속의 불가결 인자를 '부영양인자'로 명명하고 있다.

이 두 방향에서의 연구의 흐름은 두 사람의 연구자에 의해서 융합되었다. 우선 풍크는 1912년의 총설에서 자신의 각기 연구와 홉킨스의 영양학적 연구를 결부시키고, 각기치료물질을 동물의 대사에 필요한 인자, 즉 영양소의 하나로 재파악했다.

또 스즈키의 연구는 독일 유학 중에 피셔(E. H. Fischer) 아래서 한 단백질 연구(폴레펩티드 합성 연구)의 이른바 일본에서의 응용판이며, 일본인의 체위가 서양인의 체위에 뒤지는 원인을 식품단백질의 부족에서 찾는 데서부터 시작되었다. 그러나 한편 스승인 고자이가 관계하고 있는 각기 연구에 참가하여, 에이크만의 실험에 대한 추시를 비둘기를 재료로 하여 시작했다. 그리고 그동안 쌀겨 속의 성분에 대한 화학적 연구도 하여 연구의 방향이 풍크와는 다른 형태가 되었다.

그렇다면 이상의 사실관계 가운데서 비타민 발견의 선취권은 누구에게 돌려져야 할까? 그것에는 새로운 영양소로써의 개념, 새로운 영양소가 존재하는 것의 증명 실험과 그것을 물질로써 분리하고 정제한 것, 이 세 가지를 기준으로 생각하는 게 적당할 것이다.

첫 번째로 새로운 영양소로써의 개념에 대해서 보자면 1926년까지

F. G. 홉킨스

는 일반적으로 홉킨스가 처음으로 제창한 것으로 받아들여지고 있었다. 그러나 앞에서 말했듯이 페클하링이 홉킨스보다 1년 빨리, 좀 더 특정적인 것에 국한한다면 1901년의 그리인스의 '보호인자' 쪽이 빠르다는 것이 된다. 유감스럽게도 이 두 네럴란드인의 논문은 네덜란드어로 쓰여 있었기 때문에 일반적으로 알려지지 못했고, 그 후의 연구에 영향을 끼치는 일도 없었다. 그러나 선취권을 말하게 된다면 이 두 사람에게 있다고 하는 게 적당할 것이다.

두 번째로 새로운 영양소의 존재를 증명하는 실험에는, 그 물질이 결핍되면 쇠약해져서 생존이 불가능하게 되는 것과, 그 물질을 다시 투여하면 회복하는 것의 양쪽 실험이 필요하다. 외국의 문헌에서 그것을 최초로 제시한 것은 홉킨스의 1912년 7월의 영어 논문이라고 되어 있다. 그는 라트를 재료로 사용하고, 합성사료로 사육하여 체중을 측정해서, 소량의 우유를 첨가하면 상승하지만, 첨가하지 않으면 내려가는 것이 가역적으로 일어난다는 걸 훌륭한 데이터로 제시했다.

그러나 이것은 그 전에 이미 스즈키가 제시하고 있었던 일이다. 그는 비둘기를 사용하고, 사료로는 백미를 사용하여 쌀겨의 알코올 진액의 첨가 유무에 따라서 쇠약과 회복이 가역적으로 일어난다고 하는 것을 1911년 2월에, 또 부분 정제한 아베리산에 대해서도 마찬가지 것을 같은 해 9월에 발표했다. 이들은 일본어로 쓰인 논문으로 국내에만 알려졌다. 1912년 7월에는 독일어로 된 논문에서 더욱더 정제한 오리자닌을 사용하여 같은 내용을 제시했고, 비둘기 외에도 개, 새앙쥐 등 여러 가지 동물실험도 발표했다.

이것들로부터 홉킨스 쪽이 결과는 훌륭했지만 분명히 스즈키 쪽이 빨랐고, 독일어 논문으로 비교해 보더라도 같은 시기인 것을 알 수 있다. 또 정제의 정도, 실험동물의 다양성으로부터도 스즈키 쪽이 한 걸음 앞서 있다. 게다가 덧붙여 말한다면 그 훌륭한 홉킨스의 데이터에는 어두운 그림자가 따라붙었다. 그 후 다른 연구자가 시도해 보았지만 추시가 안 되었던 것이다. 결국 그는 1945년(사망하기 2년 전)에는 재 실험을 하여 원인을 추구하고, 탄수화물의 근원을 다른 것으로 바꾸는 등 사료의 개량에 의해서 재현할 수 있다는 것을 제시하지 않으면 안 되었다. 문제가 있었던 것은 쥐인 듯하며, 스즈키도 쥐에서는 말끔한 결과를 내지 못했다. 홉킨스에 따르면 쥐가 배설물을 먹는 데에 문제가 있는 듯하다고 했다.

세 번째로 물질로써의 분리, 정제에 대해서는 이 짧은 글에서 다루는 시대에 포함되는 이들 중 누구도 성공하지 못했다. 풍크와 스즈키가 결정으로 추출한 것은 모두 불순했다. 당시 정제를 시도하여 부분적으로나마 성공한 것은 이 두 사람이기 때문에 그 정제 정도를 비교해 볼 수

밖에 없는데, 앞에서 말했듯이 알코올의 추출, 인-올프람산의 침전이라고 하는 거의 같은 방법을 사용하고 있어서 그것도 곤란했다.

스즈키는 1911년 2월에 아베리산의 정제를 결정화하는 데에 성공했고, 한편 풍크는 1911년 12월에 각기치료물질의 정제 결정화에 성공했다. 스즈키는 1912년 7월에 그 결정의 샘플에 대한 니코틴산의 혼입을 인정하고, 그것을 제거한 나머지의 유효성분을 오리자닌으로 다시 정제하여 결정화했다. 한편 풍크도 1913년 9월에 니코틴산의 혼입을 인정했다. 스즈키의 오리자닌이 완전히 니코틴산을 제거할 수 있었느냐고 하는 것에 대해서는, 그 자신도 분명하지 않다는 사실을 인정했다.

어쨌든 간에 50보 100보로서 굳이 말한다면 스즈키의 판정승이라고 말할 수 있을 것이다. 방법이 거의 같기 때문에 『스즈키 우메타로 선생전』에서는 1911년 8월의 속보지에 게재된 스즈키의 일본어 논문의 독일문에 의한 초록을 풍크가 읽고 실험을 시작한 것이 아닌가 하고 의심하고 있다. 그러나 이 방법은 폴리펩티드 합성에서 일반적으로 사용되고 있는 것으로, 두 사람이 다 피셔의 연구실과 관계가 깊다는 점을 생각하면, 방법이 유사한 것은 오히려 당연한 일이며, 풍크가 그렇게까지 했으리라고는 생각하기 어렵다.

이와 같이 세 가지 점에서 선취권에 대해서 살펴보면, 첫 번째 면에서는 페클하링과 그리인스, 두세 번째 면에서는 스즈키에게로 돌려질 것 같다. 그러나 이것은 억지로 귀착시켰을 뿐, 당시의 비타민에 대한 연구문헌의 막대함과 시간적 접근을 통한 선취권 다툼을 고려하면 한 개인에게 돌려질 성질의 것이 아니다. 오히려 약간 역설적이 되기는 하겠지만 네덜란드의 식민지 정책, 일본의 부국강병책, 영국의 제국주의 정책에다 돌리는 편이 정당하지 않을까?

하지만 스즈키가 외국의 평가에서 제외되고, 풍크가 비타민의 명명자로서 이름을 남기고 에이크만, 홉킨스가 노벨상을 수상했다는 것은 이상하다. 그렇다면 왜 그렇게 되었을까?

우선 풍크의 부당성을 들 수 있다. 그는 1911년 이후의 논문에서 스즈키에 대해서는 거의 언급하고 있지 않다. 1911년 8월의 일본어 논문의 독일어 초록도 인용하고 있지 않으며, 1912년 7월의 독일어 논문에 대해서도 1913년에 인용은 하고 있지만 추시는 불가능하다고 말하고 있다. 이 때문에 풍크의 논문을 읽는다면 스즈키의 결과는 풍크보다 뒤지며 더구나 신뢰성이 없다는 인상을 받는다. 그리하여 비타민은 남게 되고 오리자닌은 잊혀졌다. 이것은 풍크가 자신의 선취권을 보호하기 위해서 의도적으로 했다고 밖에는 생각되지 않는다.

이것은 풍크가 비타민 발견자의 지위에 대해서 1926년 『Science』지에 '누가 비타민을 발견했는가?'라고 하는 짧은 글을 투고하여 홉킨스에게 항의하고 있는 것으로도 엿볼 수 있다. 그 글을 통해 그는 당시의 비타민 발견자가 홉킨스라고 하는 풍조에 대해서, 1912년의 논문은 다른 연구자의 논문이 발표된 뒤에 발표되었고, 1906년의 강연은 분게와 대동소이하기에, 비타민의 발견자를 단일 인물에게 돌릴 수는 없다고 정당하게 항의했다.

다만 그는 그것을 밀고 나가서 비타민 연구에서의 자신의 위치에 언급하고, 스즈키나 홉킨스에게 돌려져야 할 것을 자신의 선취권이라고 말하고 있으며, 부당하게도 자신의 선취권을 지키려 했다. 이 결과 홉킨스는 노벨상 수상 강연장에서 그것에 반론을 제기하지 않을 수 없는 상황에 몰렸다. 그는 맺음말에서 "(당시의 생화학의 대보스의 한 사람인)호프마이스터(F. Hofmeister)는 전체 문헌을 상세히 검토한 결과, 1918년에 이 사실(비타민)의 중요성을 맨 처음에 충분히 인식하고 있었던 사람은 나(홉킨스)라고 말하고 있습니다. 만약 그것이 진실이라면, 또 나를 이 영예에 해당할 가치가 있다고 인정해 준 노벨상 선고위원회도 같은 견해라고 한다면 무척 기쁜 일입니다" 하고 매우 궁색하게 자신의 수상에 대한 정당성을 주장하여 그 강연을 마무리했다.

두 번째로는 언어의 문제, 즉 후의 연구에 끼친 영향의 크기라고 하는 문제가 있다. 스즈키는 처음에는 일본어, 후에는 독일어로 논문을 썼다. 그러나 비타민의 연구는 영국과 미국이 중심이 되기 때문에 스즈키의 논문은 필연적으로 경시되어 버린 것이다.

그렇다면 스즈키가 처음부터 영문으로 논문을 썼더라면 노벨상을 수상할 수 있었을까 하면 그것은 노우였을 것이다.

그 이유의 하나는 연구의 흐름에 관한 문제 때문이었다. 비타민 연구에 대한 두 흐름은 풍크와 스즈키에서 융합되었지만, 그것이 나중에 발전해서 주류가 된 것은 아니다. 두 방향 중 영양학적 방향이 중심이 되었고, 홉킨스와 미국의 오즈번(T. B. Osborne), 멘델(L. B. Mendel)의 계열이 주류가 되어 각기 연구는 주류에서 벗어나게 되었다. 그런데 스즈키는 논문 속에서 쌀겨를 강조했고, 오리자닌이라는 이름도 쌀의 학명 Oryza Sativa에서 따왔기 때문에 각기 연구의 방향에서만 평가되었다.

후세에 의한 연구자 평가는 현재의 연구로부터 역투사하여 과거의 연구자를 평가하는 것이기 때문에, 자기와 같은 방향의 연구는 높이 평가하지만, 그 방향에서 벗어나는 것은 낮게 평가한다. 필연적으로 오리자닌보다는 비타민에 호감을 갖게 되고 홉킨스가 높은 평가를 얻게 된다. 다만 홉킨스의 경우는 각지로 비타민의 중요성에 대해서 강연을 하고 다녔고, 비타민의 개념 정착에 중요한 몫을 했던 것이 사실이다.

또 하나의 이유라고 할 수 있는 것은 홉킨스의 생화학자들 사이에서의 위치이다. 그는 당시 영국 생화학계의 대가로서 생화학의 방향을 리드하는 입장에 있었다. 그리고 노벨상에 해당할 만한 연구가 그 밖에도 있었다. 때문에 당시 노벨상은 비타민 발견자가 아니라 홉킨스에게 상을 주기 위한 것이 아니었을까? 만약 그렇다고 한다면 처음부터 스즈키에게 영예가 주어질 가능성은 전혀 없었던 것이다. 또 비타민 연구에서는 그 밖에도 수상할 만한 연구자가 많이 있었는데도 불구하고 에이크만과 홉킨스에게 주어졌던 것이다.

그런데 비타민의 연구는 앞에서 말했듯이 영양학적 방향이 주류로 되어 갔는데, 그 역군으로는 농예화학자가 많다. 홉킨스는 임상분석가 출신이고, 스즈키는 미국의 비타민 연구자들과 마찬가지로 농예화학 출신이었다. 그 이후로도 의학자와의 교류는 적었다. 한편 당시의 의학자의 대부분은, 19세기 말 이래 질병에 대한 치료를 병원균의 감염증·혈청치료로 파악하는 개념의 범위에서 생각했고, 각기 치료도 마찬가지였다. 비타민의 동시 발견이 있었던 이 시대에도 한참 동안은 비타민을 결핍증을 치료하는 데 사용하는 것에 의학자의 동의를 얻지 못했던 것이다.

후 기

해마다 가을에는 스웨덴과 노르웨이가 실시하는 노벨상 수상자 발표가 항례적인 행사로써 신문과 텔레비전을 떠들썩하게 만든다. 노벨상은 다이나마이트의 발명자 알프레드 노벨이 1896년에 사망했을 때, 그의 유산을 기금으로 하여 전년 중에 '업적'이 있었던 사람에게 상을 주도록 유언을 한 데서 시작된다. 그 상은 '물리학', '화학', '의학·생리학', '문학', '평화' 다섯 부문에서 1901년에 최초의 시상식이 거행되었고, 1969년에는 경제학상이 마련되었다. 세계에는 이 밖에도 노벨상보다 상금이 많거나 역사가 긴 상도 있다. 하지만 노벨상은 '세계 최고의 상'이라고 하는 탁월한 평가를 받고 있으며, 수상자는 마치 신처럼 받들어지고 있다. 그러므로 이 상을 받으려는 사람들 사이에는 온갖 경쟁이 생기고, 갈등이 있으며, 심지어는 소송까지 벌어진다. 최근에는 평화상이나 문학상이 정치적인 배려에 의해 결정되어 버린 예가 두드러지고, 자연과학 부문에서도 이 상의 근본 자세가 자주 문제시되고 있다. 이를테면 아무리 훌륭한 연구업적을 올려도 죽어 버리면 수상 대상이 될 수 없다는 점이라든가, 한 부문의 수상자가 최고 세 사람으로 제한되어 있다는 점을 들 수 있다.

영국의 과학잡지『Nature』의 1980년 10월 23일호는 '어떻게 해서 노벨상의 룰을 바꿀 것인가?'라는 권두언을 실었다. 잡지는 수학, 기상학, 천문학 등의 분야가 수상 대상에서 제외되어 있는 점이나, 공동연구자로서는 연장자가 수상하고, 나이 적은 사람은 수상할 수 없다는 예를 들어 모순을 지적했다. 수학이 제외된 것은 일설에 의하면 노벨이 여성 수학자와의 사랑을 이루지 못했기 때문이라는 소문도 있다.

미국 하버드대학의 길버트(W. Gilbert)는 핵산의 DNA 염기 배열을 단시간에 해독하는 방법(Maxam-Gilbert 방법)을 개발한 업적으로 1980년의 노벨 화학상을 받았는데, 그 방법의 공동연구자인 맥샘(A. Maxam)이 나이가 젊기 때문에 수상하지 못한 것도 하나의 모순이라고『Nature』에서 지적했다. 마찬가지 예로 펄서의 발견으로 1974년 노벨 물리학상을 수상한 휴이시(A. Hewish: 영국)의 경우도, 그가 공동연구자로서 대학원생인 벨(J. Bell) 양의 보스였기 때문에 수상할 수 있었다고 하여 영국에서 논쟁을 불러일으켰다. 그리고 권두언에서는 그런 경우는 하다못해 상금만은 연구실이 탈 수 있게 변경할 수는 없겠느냐 하고 제안했다.

이 책에서도 등장하는 샤가프에게 전에 노벨상에 대한 견해를 들은 적이 있다. 그는 DNA의 구조 연구에서 나이 젊은 윗슨과 크릭에 패하여 상을 놓친 사람인데, 그러한 그에게 아주 심술궂은 질문을 했던 것이다. "오!" 하고 한참 동안 말이 없던 그는 이윽고 "연구란 직물과 같은 것으로써 여러 가지 구성으로 이루어져 있거든. 그중 어느 것을 평가하느냐고 하는 건 무척 어려운 일이지만, 노벨상은 일부분만을 평가할 뿐이며 엉뚱한 착오를 할 때도 있지. 여기에 상을 타기 위한 경쟁을 낳기 때문에 좋지 못한 일이다." 하고 말했다.

서두가 길어졌지만, 이 책은 일본의 과학지 『과학 아사히』에 12번에 걸쳐서 연재한 「노벨상의 빛과 그늘」에 8회분을 증보한 것이다. 노벨상에 얽힌 에피소드를 쓴다고는 하지만, 살아 있는 수상자에 대해서는 쓰지 못할 부분도 많고, 등장시키고 싶은 인물에 대해서는 자료가 거의 없거나 하여 집필자에게는 많은 폐를 끼쳤다. 연재물의 필자는 마루야마, 엔도, 나카무라, 고이데, 다케우치, 모리사와 씨와 편집부가 1회 분을 담당했다. 마루야마 엔도, 나카무라 씨와 도쿄대학 교양학부 대학원생인 기토 씨가 증보분을 집필했다. 편집부가 맡은 1회분은 마쓰오 미야자키 의대 교수와 이가라시 군바대학 의학부 교수에게 취재하여 정리했다. 이분들에게 이 지면을 빌어 깊이 감사한다.

또 연재 중에 즐겁고 알기 쉬운 삽화를 그려 주시고, 책으로 엮는 데에 거듭 협력해 주신 화가 야스노 씨, 그리고 이 연재물을 단행본으로 만들기 위해서 증보를 지시하고 준비해 주신 도서편집실의 야마다 씨에게 깊은 감사를 드린다.

『과학 아사히』 편집부

부록

노벨상 (자연과학 부문) 수상자 일람

노벨상(자연과학 부문) 수상자 일람

	물리학상	화학상	의학 · 생리학상
1901	**W. C. Rontgen** (독일) X선의 발견	**J. H. van't Hoff** (네덜란드) 화학 열역학의 법칙 및 용액의 삼투압 발견	**E. von Behring** (독일) 디프테리아에 대한 혈청요법에 관한 업적
1902	**H. A. Lorentz, P. Zeeman** (네덜란드) 복사에 대한 자기장의 영향 연구	**E. Fischer** (독일) 당류 및 프린 유도체 여러 물질의 합성	**R. Ross** (영국) 말라리아에 관한 연구 업적
1903	**H. A. Becquerel** (프랑스) 방사능의 발견 **P. Curie, M. Curie** (프랑스) 방사능의 연구	**S. A. Arrhenius** (스웨덴) 전해질 이론에 의한 화학적 진보에 공헌	**N. R. Finsen** (덴마크) 질병 특히 조사(照射)를 이용한 강력한 낭창(狼瘡) 치료법 발견

1904	**Lord Rayleigh** (영국) 기체의 밀도에 관한 연구와 아르곤의 발견	**W. Ramsay** (영국) 공기 속의 영족 기체류의 여러 원소 발견과 주기율에서의 위치 결정	**I. P. Paviov** (소련) 소화 생리에 관한 연구
1905	**P. E. A. Lenard** (독일) 음극선 연구	**J. F. W. A. von Baeyer** (독일) 유기염료와 히드로 방향족 화합물의 연구	**R. Koch** (독일) 결핵에 관한 연구
1906	**J. J. Thomson** (영국) 기체의 전기전도에 관한 이론적 및 실험적 연구	**H. Moissan** (프랑스) 플루오르 화합물 연구와 분리 및 모아상전기로의 제작	**C. Golgi** (이탈리아) **S. Ramony** (스페인) 신경계의 구조에 관한 연구
1907	**A. A. Michelson** (미국) 간섭계의 고안과 그것에 의한 분광학 및 미터원기에 관한 연구	**E. Buchner** (독일) 화학-생물학적 여러 연구 및 무세포적 발효의 발견	**C. L. A. Laveran** (프랑스) 질병의 발생에서 원충류가 하는 역할에 관한 연구

1908	**G. Lippmann** (프랑스) 빛의 간섭을 이용한 천연색 사진 연구	**E. Rotherford** (영국) 원소의 붕괴 및 방사성물질의 화학에 관한 연구	**P. Ehrlich** (독일) **E. Metchnikoff** (프랑스) 면역에 관한 연구
1909	**G. Marconi** (이탈리아) **K. F. Braun** (독일) 무선 전신 개발에 대한 공헌	**F. W. Ostwald** (독일) 촉매작용에 관한 연구 및 화학평형과 반응속도에 관한 연구	**E. T. Kocher** (스위스) 갑상선의 생리학·병리학 및 외과에 관한 연구
1910	**J. D. van der Waals** (네덜란드) 기체 및 액체의 상태방정식에 관한 연구	**O. wallach** (독일) 지환식 화합물 분야에서의 선구적 연구	**A. Kossel** (독일) 단백질·핵산에 관한 연구에 의한 세포화학 확립
1911	**W. Wien** (독일) 열복사에 관한 법칙 발견	**M. Curie** (프랑스) 라듐 및 폴로늄의 발견과 라듐의 성질 및 그 화합물 연구	**A. Gullstrand** (스웨덴) 눈의 굴절 기능에 관한 연구

1912	**N. G. Dalen** (스웨덴) 등대용 가스 어큐뮬레이터의 자동 조절기 발명	**V. Grignard** (프랑스) 그리냐르 시약 발견 **P. Sabatier** (프랑스) 미세한 금속 입자를 사용하는 유기화합물 수소화법 개발	**A. Carrel** (프랑스) 혈관 봉합 및 혈관 또는 장기 이식에 관한 연구
1913	**H. Kamerlingh Onnes** (네덜란드) 액체헬륨 제조에 관련되는 저온 현상 연구	**A. Werner** (스위스) 분자 내 원자의 결합에 관한 연구	**C. R. Richet** (프랑스) 과민증에 관한 연구
1914	**M. von Laue** (독일) 결정에 의한 X선 회절 현상 발견	**T. W. Richards** (미국) 수많은 원소의 원자량 정밀 측정	**R. Barany** (오스트리아) 내이계(內耳系)의 생리학·병리학에 관한 연구
1915	**W. H. Bragg, W. L. Bragg** (영국) X선에 의한 결정 구조 해석에 관한 연구	**R. Willstatter** (독일) 식물 색소물질 특히 클로로필에 관한 연구	———

1916	———	———	———
1917	**C. G. Barkla** (영국) 원소의 특성 X선의 발견	———	———
1918	**M. Planck** (독일) 양자론에 의한 물리학 진보에 대한 공헌	**F. Haber** (독일) 암모니아의 성분 원소(질소, 수소)로부터의 합성	———
1919	**J. Stark** (독일) 양극선의 도플러 효과 및 슈타르크 효과 발견	———	**J. Bordet** (벨기에) 면역에 관한 여러 가지 발견
1920	**C. E. Guillaume** (프랑스) 인바의 발견과 그것에 의한 정밀 측정 개발	**W. H. Nernst** (독일) 열화학에서의 연구	**S. A. S. Krogh** (덴마크) 모세혈관 운동 기능의 조절 메커니즘 발견

1921	**A. Einstein** (독일) 이론물리학의 여러 연구, 특히 광전 효과 법칙 발견	**F. Soddy** (영국) 방사성 물질을 통한 화학에 대한 공헌과 동위체의 존재 및 그 성질에 관한 연구	———
1922	**N. Bohr** (덴마크) 원자의 구조와 그 복사에 관한 연구	**F. W. Aston** (영국) 비방사성 원소에서의 동위체 발견과 정수법칙의 발견	**A. V. Hill** (영국) 근육 속 열발생에 관한 발견 **O. Meyerhof** (독일) 근육에서의 젖산 생성과 산소 소비와의 상관관계 발견
1923	**R. A. Millikan** (미국) 전기소량 및 광전효과에 관한 연구	**F. Pregl** (오스트리아) 유기물질의 미량 분석법 개발	**F. G. Banting** (캐나다) **J. J. R. Macleod** (영국) 인슐린 발견
1924	**M. Siegbahn** (스웨덴) X선분광학에서의 발견과 연구	———	**W. Einthoven** (네덜란드) 심전도법 발견

1925	**J. Franck, G. Hertz** (독일) 원자의 전자 충돌에 관한 법칙 발견	**R. Zsigmondy** (독일) 콜로이드 용액의 불균일성에 관한 연구 및 현대 콜로이드 화학 확립	────
1926	**J. B. Perrin** (프랑스) 물질의 불연속적 구조에 관한 연구와 특히 침전평형에 관한 발견	**T. Svedberg** (스웨덴) 분사계에 관한 연구	**F. G. Fibiger** (덴마크) Spiroptera carcinoma의 발견 (선충의 일종, 당시는 암의 병원체로 오인되었다.)
1927	**A. H. Compton** (미국) 콤프턴 효과 발견 **C. T. R. Wilson** (영국) 안개상자에 의한 하전입자 관찰과 연구	**H. Wieland** (독일) 담즙산과 그 유연물질의 구조에 관한 연구	**J. Wagner-Jauregg** (오스트리아) 말라리아 접종에 의한 마비성 치매 치료 효과 발견
1928	**O. W. Richardson** (영국) 열전자 현상 연구와 리차드슨 효과 발견	**A. Windaus** (독일) 스테린류의 구조와 그 비타민류와의 관련에 대한 연구	**C. J. Nicolle** (프랑스) 발진티푸스에 관한 연구

1929	**L. V. de Broglie** (프랑스) 전자의 파동성 발견	**A. Harden** (영국), **H. von Euler Chelpin** (스웨덴) 당류의 발효와 이것에 관여하는 여러 효소 연구	**C. Eijkman** (네덜란드) 항신경염 비타민 발견 **F. G. Hopkins** (영국) 성장을 촉진하는 비타민 발견
1930	**C. V. Raman** (인도) 빛의 산란에 관한 연구와 라만효과 발견	**H. Fischer** (독일) 헤민과 클로로필 구조에 관한 여러가지 연구, 특히 헤민의 합성	**K. Landsteiner** (오스트리아) 인간의 혈액형 발견
1931	———	**C. Bosch** (독일) 암모니아 합성촉매 연구 **F. Bergius** (독일) 석탄의 액화 등 고압화학적 방법의 발명과 개발	**O. H. Warburg** (독일) 호흡효소의 특성 및 작용 메커니즘 발견
1932	**W. Heisenberg** (독일) 양자역학 창시 및 파라 · 오르트수소 발견	**I. Langmuir** (미국) 계면화학에서의 발견과 연구	**C. S. Sherrington, E. D. Adrian** (독일) 신경세포의 기능에 관한 발견

1933	**E. Schodinger** (오스트리아), **P. A. M. Dirac** (영국) 새로운 형식의 원자이론 발견	———	**T. H. Morgan** (미국) 초파리를 이용하여 염색체 유전 기능 발견
1934	———	**H. C. Urey** (미국) 중수소 발견	**G. R. Miot, W. P. Murphy,** **G. H. Whipple** (미국) 빈혈에 대한 간장요법 발견
1935	**J. Chadwick** (영국) 중성자 발견	**F. Joliot, I. Joliot-Curie** (프랑스) 인공 방사성원소 연구	**H. Spemann** (독일) 동물의 배(胚)의 성장에서 유도 작용 발견
1936	**V. F. Hess** (오스트리아) 우주선 발견 **C. D. Anderson** (미국) 양전자 발견	**P. J. W. Debye** (네덜란드) 쌍극자모멘트 및 X선, 전자선 회절에 의한 분자구조 결정	**H. H. Dale** (영국) **O. Loewi** (오스트리아) 신경 자극의 화학적 전달에 관한 발견

1937	**C. J. Davisson** (미국) **G. P. Thomson** (영국) 결정에 의한 전자선 회절 현상 발견	**W. N. Haworth** (영국) 탄수화물과 비타민C의 구조에 관한 여러 연구 **P. Karrer** (스위스) 카로티노이드류, 플라빈류 및 비타민 A, B_2의 구조에 관한 연구	**A. von Szent-Gyorgyi** (헝가리) 생물학적 연소, 특히 비타민C 및 푸마르산의 접촉 작용에 관한 발견
1938	**E. Fermi** (이탈리아) 중성자 충격에 의한 새 방사성 원소 연구와 열중성자에 의한 원자핵 반응 발견	**R. Kuhn** (독일) 카로티노이드류 및 비타민류에 대한 연구(수상 사퇴)	**C. Heymans** (벨기에) 호흡 조절에서의 경동맥동과 대동맥과의 의의 발견
1939	**E. O. Lawrence** (미국) 사이클로트론 개발과 인공 방사성 원소 연구	**A. F. J. Butenandt** (독일) 성호르몬에 관한 연구 업적 (수상 사퇴) **L. Ruzicka** (스위스) 폴리메틸렌류 및 고급 테르펜류의 구조에 관한 연구	**G. Domagk** (독일) 프론토질의 항균 효과 발견 (수상 사퇴)

1940~42	―	―	―
1943	**O. Stern** (미국) 공명법에 의한 원자핵의 자기모멘트 측정	**G. Hevesy** (헝가리) 화학 반응 연구에서 트레이서로써 동위체 이용에 관한 연구	**C. P. H. Dam** (덴마크) **E. A. Doisy** (미국) 비타민 K의 화학적 본성 발견
1944	**I. I. Rabi** (미국) 공명법에 의한 원자핵의 자기 모멘트 측정	**O. Hahn** (독일) 원자핵 분열 발견	**E. J. Erlanger, H. S. Gasser** (미국) 개개 신경섬유의 기능적 차이 발견
1945	**W. Pauli** (오스트리아) 파울리의 배타원리 발견	**A. I. Virtanen** (핀란드) 농예화학과 영양화학에서의 연구와 발견, 특히 식량과 마초의 보존법 발견	**A. Fleming, E. B. Chain,** **H. W. Florey** (영국) 페니실린 발견과 각종 전염병에 대한 페니실린의 치료 효과 발견
1946	**P. W. Bridgman** (미국) 초고압 압축 장치 발명과 고압물리학 연구	**J. B. Sumner** (미국) 효소가 결정화될 수 있다는 것을 발견	**H. J. Muller** (미국) X선에 의한 인공(돌연)변이 발견

		J. H. Nothrop, W. M. Stanley (미국) 효소와 바이러스 단백질 순수 조제	
1947	**E. V. Appleton** (영국) 상층 대기의 물리학 연구, 특히 애플턴층의 발견	**R. Robinson** (영국) 생물학적으로 중요한 식물생성물, 특히 알카로이드 연구	**C. F. Cori, G. T. Cori** (미국) 촉매작용에 의한 글리코겐 소비 발견 **B. A. Houssay** (아르헨티나) 당의 물질대사에 대한 뇌하수체 전엽호르몬 작용 발견
1948	**P. M. S. Blackett** (영국) 윌슨 안개상자에 의한 원자핵 물리학과 우주선 영역에서의 발견	**A. W. K. Tiselius** (스웨덴) 전기영동과 흡착분석에 대한 연구, 특히 혈청단백의 복합성에 관한 발견	**P. Muller** (스위스) DDT가 많은 절족동물에 대하여 접촉독으로 강력하게 작용함을 발견

1949	**Yukawa Hideki** (일본) 핵력의 이론에 의한 중간자 존재 예언	**W. F. Giauque** (미국) 화학 열역학에 대한 공헌, 특히 극저온에서 물질의 여러 가지 성질에 관한 연구	**W. R. Hess** (스위스) 내장의 활동을 통합하는 간뇌(間腦)의 기능 발견 **A. E. Moniz** (포르투갈) 어떤 종류의 정신병에 대한 전액부 대뇌신경 절단의 치료적 의의 발견
1950	**C. F. Powell** (영국) 사진에 의한 원자핵 파괴 과정 연구 방법 개발과 여러 중간자 발견	**O. P. H. Diels, K. Alder** (독일) 디엔합성(Diels-Alder반응) 발견과 그 응용	**E. C. Kendall, P. S. Hench** (미국), **T. Reichstein** (스위스) 여러 가지 종류의 부신피질호르몬 발견 및 그 구조와 생물학적 작용의 발견
1951	**J. D. Cockcroft** (영국) **E. T. S. Walton** (아일랜드) 가속 하전입자에 의한 원자핵 변환에 관한 선구적 연구	**G. T. Seaborg, E. M. McMillan** (미국) 초우라늄 원소 발견	**M. Theiler** (남아프리카) 황열백신 발명

1952	**F. Bloch, E. M. Purcell** (미국) 핵자기 공명흡수에 의한 원자핵의 자기 모멘트 측정	**J. P. Martin, R. L. M. Synge** (영국) 분배크로마토그래피 개발과 물질의 분리, 분석에 응용	**S. A. Waksman** (미국) 스트렙토마이신 발견
1953	**F. Zernike** (네덜란드) 위상차현미경 연구	**H. Staudinger** (독일) 사슬 모양 고분자 화합물 연구	**F. A. Lipmann** (미국) 대사에서 고에너지 인산결합의 의의 및 코엔자임 A 발견 **H. A. Krebs** (영국) 트리카르복실산(TCA) 사이클 발견
1954	**M. Born** (영국) 양자역학 특히 파동함수의 통계적 연구 **W. Bothe** (독일) coincidence법에 의한 원자핵 반응과 감마선과에 관한 연구	**L. C. Pauling** (미국) 화학 결합의 본성 및 복잡한 분자 구조에 관한 연구	**J. F. Enders, T. H. Weller,** **F. C. Robbins** (미국) 소아마비 병원 바이러스의 시험관 내에서 조직배양 연구와 그 완성

1955	**P. Kusch** (미국) 전자의 자기 모멘트에 관한 연구 **W. E. Lamb** (미국) 수소 스펙트럼의 미세구조 발견	**V. du Vigneaud** (미국) 황을 함유하는 생체물질 연구, 특히 옥시토신, 바소프레신의 구조 결정과 완전 합성	**H. Theorell** (스웨덴) 산화효소 연구
1956	**W. Shockley, J. Bardeen,** **W. H. Brattain** (미국) 반도체 연구와 트랜지스터 효과 발견	**C. N. Hinshelwood** (영국), **N. N. Semenov** (소련) 기상계(氣相系)의 화학반응속도론, 특히 연쇄반응에 관한 연구	**A. F. Cournand, D. W. Richards** (미국), **W. Forssmann** (독일) 심장 카테테르법 연구
1957	**Lee T. -D. , Yang C. -N.** (중국) 패리티 비보존에 대한 연구	**A. R. Todd** (영국) 뉴클레오티드 및 그 보조 효소에 관한 연구	***D. Bovet*** (이탈리아) 쿠라레양 근이완제 합성에 관한 연구
1958	**P. A. Cherenkov, I. E. Tamm,** **I. M. Frank** (소련) 체렌코프 효과 발견과 그 해석	**F. Sanger** (영국) 단백질, 특히 인슐린 구조에 관한 연구	**G. W. Beadle, E. L. Tatum** (미국) 화학 과정을 조절하는 유전자 발견

			J. Lederberg (미국) 유전자 재조합 및 세균의 유전물질에 관한 연구
1959	**E. Segre, O. Chamberlain** (미국) 반양성자 발견	**J. Heyrovsky** (체코슬로바키아) 폴라로그래피 이론 및 폴라로그래피 발명	**S. Ochoa, A. Kornberg** (미국) RNA 및 DNA 합성에 관한 연구
1960	**D. A. Glaser** (미국) 기포상자 발명	**W. F. Libby** (미국) 탄소14에 의한 연대측정법 연구	**F. M. Burnet** (오스트레일리아), **P. B. Medawar** (영국) 후천적 면역 내성 발견
1961	**R. Hofstadter** (미국) 선형가속기에 의한 고에너지 전자 산란 연구와 핵자의 구조에 관한 발견 **R. Mossbauer** (서독) 감마선의 공명흡수에 관한 연구와 메스바우어 효과 발견	**M. Calvin** (미국) 식물의 광합성 연구	**G. von Bekesy** (헝가리) 내이와우(內耳蝸牛)에서 자극의 물리적 메커니즘 발견

1962	**L. D. Landau** (소련) 응집 상태의 물질, 특히 액체헬륨을 이론적으로 연구	**M. F. Perutz, J. C. Kendrew** (영국) 구상(球狀) 단백질 구조에 관한 연구	**F. H. C. Crick, J. D. Watson** (영국) **M. H. F. Wilkins** (미국) 핵산의 분자구조 및 생체에서의 정보 전달에 대한 그 의의 발견
1963	**E. P. Wigner** (미국) 원자핵과 소립자 이론에서 대칭성 발견과 응용 **M. G. Mayer** (미국), **J. H. D. Jensen** (서독) 원자핵의 각(殼) 구조에 관한 연구	**K. Ziegler** (서독) **G. Natta** (이탈리아) 새로운 촉매를 사용한 중합법 (重合法) 개발과 기초적 연구	**J. C. Eccles** (오스트레일리아), **A. L. Hodgkin, A. F. Huxley** (영국) 신경세포의 말초 및 중추부에서의 흥분과 억제에 관한 이온 메커니즘 발견
1964	**C. H. Townes** (미국), **N. G. Basov, A. M. Prokhorov** (소련) 메이저, 레이저의 발명 및 양자 일렉트로닉스 기초 연구	**D. C. Hodgkin** (영국) X선 회절법에 의한 생체물질의 분자구조 연구	**K. Bloch** (미국), **F. Lynen** (서독) 콜레스테롤·지방산의 생합성 메커니즘과 조절에 관한 연구

1965	**Tomonaga Shinichiro** (일본) **J. Schwinger, R. P. Feynman** (미국) 양자전기역학 분야에서 기초적 연구	**R. B. Woodward** (미국) 유기합성법에 대한 공헌	**F. Jacob, A. Lwoff, J. Monod** (프랑스) 효소 및 바이러스 합성의 유전적 조절에 관한 연구
1966	**A. Kastler** (프랑스) 원자 내 헤르츠파 공명의 광학적 방법(pumping 光法) 발견과 개발	**R. S. Mulliken** (미국) 분자궤도에 의한 화학 결합 및 분자의 전자구조에 관한 기초적 연구	**P. Rous** (미국) 발암성 바이러스 발견 **C. B. Huggins** (미국) 전립선암에 대한 호르몬 요법 발견
1967	**H. A. Bethe** (미국) 핵반응이론에 공헌, 특히 별에서의 에너지 발생에 관한 발견	**M. Eigen** (서독), **R. G. W. Norrish, G. Porter** (영국) 단시간 에너지 펄스에 의한 고속화학반응 연구	**R. Granit** (스웨덴), **H. K. Hartline, G. Wald** (미국) 시각의 화학적 · 생리학적 기초 과정 발견

1968	**L. W. Alvarez** (미국) 수소 기포상자에 의한 소립자의 공명 상태에 관한 연구	**L. Onsager** (미국) 불가역과정 열역학의 기초 확립과 '온사거의 상반정리' 발견	**R. W. Holley, H. G. Khorana,** **M. W. Nirenberg** (미국) 유전 정보 해독과 그 단백 합성에 대한 역할 해명
1969	**M. Gell-Mann** (미국) 소립자의 분류와 상호작용에 관한 발견과 연구	**O. Hassel** (노르웨이), **D. H. R. Barton** (영국) 분자 입체 배좌 개념 도입과 해석	**M. Delbruck, A. D. Hershey,** **S. E. Luria** (미국) 바이러스의 증식 메커니즘과 유전물질의 역할에 관한 발견
1970	**H. Alfven** (미국) 전자기유체역학 기초적 연구 **L. Neel** (프랑스) 반강자성과 강자성에 관한 기초적 연구	**L. F. Leloir** (아르헨티나) 당뉴클레오티드 발견과 탄수화물 생합성에서의 그 역할에 대한 연구	**J. Axelrod** (미국), **U. S. von Euler** (스웨덴), **B. Katz** (영국) 신경말초부에서 전달물질 발견과 저장·해리·불활성화의 메커니즘에 관한 연구

1971	**D. Gabor** (영국) 홀로그래피 발명과 그 후의 발전에 기여	**G. Herzberg** (캐나다) 분자, 특히 유리기의 전자구조와 기하학적 구조에 관한 연구	**E. W. Sutherland** (미국) 호르몬의 작용 기작에 관한 발견 (c-AMP에 관한 연구)
1972	**J. Bardeen, L. N. Cooper,** **J. R. Schrieffer** (미국) 초전도현상을 이론적으로 해명 (BCS이론)	**C. B. Anfinsen** (미국) 리보뉴클레아제분자의 아미노산 배열 결정 **W. H. Stein, S. Moore** (미국) 리보뉴클레아제분자의 활성중심과 화학구조에 관한 연구	**G. M. Edelman** (미국), **R. R. Porter** (영국) 항체의 화학구조에 관한 연구
1973	**Esaki Reona** (일본), **I. Giaever** (미국) 반도체와 초전도체의 터널효과에 대한 실험적 발견 **B. Josephson** (영국) 이론적으로 조셉슨효과 예측	**E. O. Fisher** (서독), **G. Wilkinson** (영국) 샌드위치 구조를 갖는 유기금속화합물에 관한 연구	**K. von Frish, K. Lorenz** (미국, 오스트리아 출생), **N. Tinbergen** (미국, 네덜란드 출생) 개체적 · 사회적 행동 양식의 조직과 유발에 관한 발견

1974	**M. Ryle, A. Hewish** (영국) 전파천문학에서 선구적 연구	**P. J. Flory** (미국) 고분자 물리화학의 이론 및 실험 양면에 걸치는 기초적 연구	**A. Claude** (룩셈부르크 출생), **C. R. de Duve** (영국), **G. E. Palade** (미국, 루마니아 출생) 세포의 구조와 기능에 관한 발견
1975	**J. Rainwater** (미국), **A. Bohr, B. R. Mottelson** (덴마크) 원자핵 구조에 관한 연구	**J. W. Cornforth** (오스트레일리아) 효소에 의한 촉매반응의 입체화학에 관한 연구	**R. Dulbecco** (미국, 이탈리아 출생), **H. M. Temin, D. Baltimore** (미국) 종양바이러스와 유전자와의 상호작용에 관한 연구
1976	**S. C. C. Ting, B. Richter** (미국) 무거운 소립자(J/Ψ입자) 발견	**W. N. Lipscomb** (미국) 보란(borane)의 구조에 관한 연구	**B. S. Blumberg** (미국) 오스트레일리아항원(HB항원) 발견 **D. C. Gajdusek** (미국) 지발성 바이러스감염증(쿠르병) 연구

1977	**P. W. Anderson, J. H. van Vleck** (미국), **N. F. Mott** (영국) 자성체와 무질서계 전자구조의 이론적 연구	**I. Prigogine** (벨기에) 비평형 열역학, 특히 산일구조 연구	**R. C. L. Guillemin, A. V. Schally** (미국) 뇌에서 생산된 펩티드호르몬 발견 **R. Yalow** (미국) 방사면역 분석시험법 개발
1978	**P. L. Kapitsa** (소련) 저온물리학에서의 기초적 연구 **A. A. Penzias, R. W. Wilson** (미국) 우주 흑체 복사 발견	**P. Mitchell** (영국) 생체막에서 에너지 변환 연구	**D. Nathans, H. O. Smith** (미국), **W. Arber** (스위스) 제한효소 발견과 분자유전학에의 응용
1979	**S. L. Glashow, S. Weinberg** (미국), **A. Salam** (파키스탄) 중성극성(current)의 존재 예언. 전자기 상호작용과 약한 상호작용의 통일 이론에 기여	**H. C. Brown** (미국), **G. Wittig** (서독) 새로운 유기화합법 개발	**G. N. Hounsfield** (영국), **A. M. Cormack** (미국) 컴퓨터를 사용한 X선 단층촬영기술 개발

1980	**J. W. Cronin, V. L. Fitch** (미국) 중성 K중간자 붕괴에서 기본 대칭성 파탄 발견	**P. Berg** (미국) 유전자공학의 기초가 되는 핵산을 생화학적으로 연구 **F. Sanger** (영국), **W. Gilbert** (미국) 핵산의 염기 배열 해명	**B. Benacerraf, G. D. Snell** (미국) **J. Dausset** (프랑스) 면역반응을 조절하는 세포 표면의 유전적 구조에 관한 연구
1981	**N. Bloembergen,** **A. L. Schawlow** (미국) 레이저 분광학에 대한 기여 **K. Siegbahn** (스웨덴) 고분해능광전자 분광법 개발	**Fukui Kenichi** (일본) **R. Hoffmann** (미국) 화학 반응 과정의 이론적 연구	**R. W. Sperry** (미국) 대뇌반구의 기능 분화에 관한 연구 **D. H. Hubel, T. N. Wiesel** (미국) 대뇌피질 시각령에서의 정보 처리에 관한 연구
1982	**K. G. Wilson** (미국) 물질의 상전이에 관련된 임계현상에 관한 이론	**A. Klug** (영국) 결정학적 전자분광법 개발과 핵산·단백질 복합체의 입체구조 해명	**S. K. Bergstrom,** **B. I. Samuelsson** (스웨덴), **J. R. Vane** (영국) 중요한 생리활성물질의 한 무리인 프로스타글로딘 발견 및 그 연구

1983	**S. Chandrasekhar, W. A. Fowler** (미국) 별의 진화와 구조에 대한 중요한 물리적 과정 연구	**H. Taube** (미국) 무기화학에서의 업적, 특히 금속착체의 전자천이 반응하는 메커니즘 해명	**B. McClintock** (미국) 이전하는 유전자 발견 등 유전학성에서의 뛰어난 연구
1984	**C. Rubbia** (미국, 이탈리아 출생), **S. van der Meer** (네덜란드) 소립자(W, Z0 보손)의 발견을 가져온 프로젝트에 대한 공헌	**R. B. Merrifield** (미국) 고상(固相)반응에 의한 펩티드합성법 개발	**N. K. Jerne** (프랑스, 영국 출생), **G. Kohler** (스위스, 독일 출생), **C. Milstein** (영국, 아르헨티나 출생) 면역 제어 메커니즘에 관한 이론 확립과 모노크로날 항체 작성법 개발
1985	**K. von Klitzing** (서독) 양자홀효과 발견과 물리상수 측정 기술 개발	**J. Karle, H. A. Hauptman** (미국) 물질의 결정구조를 직접 결정하는 방법 확립	**M. S. Brown, G. L. Goldstein** (미국) 콜레스테롤 대사와 그것에 관여하는 질환 연구

1986	**E. Ruska** (서독) 전자현미경에 관한 기초연구와 개발 **G. Binnig** (서독), **H. Rohrer** (스위스) 주사형 터널전자현미경 개발	**D. R. Herschbach, Lee Y. -T.** (미국), **J. C. Polanyi** (캐나다) 화학반응 소과정의 동력학적 연구에 대한 기여	**R. Levi-Montaltini** (이탈리아), **S. Cohen** (미국) 신경성장인자 및 상피세포 성장인자 발견
1987	**J. G. Bednorz** (서독), **K. A. Muller** (스위스) 산화물 고온 초전도체 발견	**C. J. Pedersen, D. J. Cram** (미국), **J. M. Lehn** (프랑스) 높은 선택성으로 구조 특이적인 반응을 일으키는 분자 (크라운화합물)의 합성	**Tonegawa Susumu** (일본) 다양한 항체를 생성하는 유전적 원리 해명
1988	**L. J. Steinberg, M. Swarts,** **L. Lederman** (미국) 뉴트리노 발견을 통하여 경입자의 이중구조를 해명, 물질의 기본 구조와 우주생성이론 규명에 공헌	**J. Deienhofer, R. Huber,** **H. Michel** (서독) 광합성 과정을 물리적인 접근을 통해서 해명, 광합성의 3차원 구조를 규명한 공로	**J. W. Black** (영국) 협심증과 위궤양 치료약제 **G. M. Hitchings, G. B. Elion** (미국) 항암제와 면역억제제의 이론적 개발 등 각각 약물요법에서의 중요한 원리 발견

1989	**Norman Foster Ramsey ,** **Hans Georg Dehmelt** (미국) 수소분자 증폭기와 원자 시계에 이용할 수 있는 진자발진방법 발명 **Wolfgang Paul** (서독) 이온포획법 개발	**Sidney Altman** (미국, 캐나다 출생), **Thomas Cech** (미국) RNA 연구에서 탁월한 업적	**John Michael Bishop ,** **Harold Eliot Varmus** (미국) 레트로바이러스에 대한 발암인자의 세포적 기원에 관한 연구
1990	**Jerome I. Friedman,** **Henry W. Kendall,** **Richard E. Tayler** (미국) 양성자 · 중성자에 대한 전자의 비탄성 산란에 의한 쿼크모델 개척	**Elias J. Corey** (미국) 유기합성 이론과 방법 개발	**Joseph E. Murray,** **E. Donnall Thomas** (미국) 장기 · 세포이식을 통한 질병 치료
1991	**Pierre-Gilles de Gennes** (프랑스) 분자의 형태를 규정하는 일반 법칙 발견	**Richard Robert Ernst** (스위스) 핵자기 공명 분광학 개발	**Erwin Neher ,** **Bert Sakmann** (독일) 세포의 단일 이온채널 기능 발견

1992	**Georges Charpak** (프랑스, 폴란드) 아원자 입자 추적 검출기 고안	**Rudolph Arthur Marcus** (미국, 캐나다) 분자 간 전자이동에 대한 설명	**Edmond Henri Fischer** (스위스, 미국), **Edwin Gerhard Krebs** (미국) 생물학적 조절 메커니즘으로써의 가역적 단백질 인산화에 관한 발견
1993	**Russell Alan Hulse,** **Joseph Hooton Taylor Jr.** (미국) 이중 맥동성(脈動星) 확인	**Kary Mullis** (미국), **Michael Smith** (캐나다) 유전자 연구와 조작 기술 고안	**Sir Richard John Roberts** (영국), **Phillip Allen Sharp** (미국) 분할유전자(split genes) 발견
1994	**Bertram Brockhouse** (캐나다), **Clifford Glenwood Shull** (미국) 중성자 산란 기술 개발	**George Andrew Olah** (헝가리, 미국) 탄화수소 분자 연구기술 개발	**Alfred Goodman Gilman,** **Martin Rodbell** (미국) G 단백질 발견과 세포의 신호전달에서 G 단백질의 역할 규명

1995	**Frederick Reines,** **Martin Lewis Perl** (미국) 원자 구성 입자인 중성미자와 타우 경입자 발견	**Paul Crutzen** (네덜란드), **Mario J. Molina** (멕시코), **Frank Sherwood Rowland** (미국) 대기 화학, 특히 오존의 형성과 분해에 관하여 업적을 세움	**Edward Butts Lewis,** **Eric Francis Wieschaus** (미국), **Christiane Nüsslein-Volhard** (독일) 초기 배아 발생 과정에서 유전자 조절에 관한 발견
1996	**David Morris Lee,** **Douglas Osheroff ,** **Robert Coleman Richardson** (미국) 헬륨-3 초유동성 발견	**Robert Floyd Curl Jr.** (미국), **Sir Harold Walter Kroto** (영국), **Richard Errett Smalley** (미국) 새로운 탄소화합물인 풀러렌 발견	**Peter Charles Doherty** (호주), **Rolf Martin Zinkernagel** (스위스) 세포성 면역반응의 특이성에 관한 발견
1997	**William Daniel Phillips,** **Steven Chu** (미국), **Claude Cohen-Tannoudji** (프랑스) 레이저광으로 원자를 냉각해 포획	**Sir John Ernest Walker** (영국), **Paul Delos Boyer** (미국), **Jens Christian Skou** (덴마크) ATP 합성효소 발견	**Stanley Prusiner** (미국) 프리온 발견

1998	**Robert Betts Laughlin, Daniel Chee Tsui** (미국), **Horst Ludwig Störmer** (독일) 극저온의 자기장하에서 반도체 내 전자에 대한 연구	**Walter Kohn** (미국), **Sir John Anthony Pople** (영국) 컴퓨터를 사용한 분자반응 연구방법 고안	**Robert Francis Furchgott , Louis Ignarro, Ferid Murad** (미국) 심혈관계에서 신호 물질로써의 일산화질소(NO) 기능 연구
1999	**Gerardus't Hooft , Martinus Veltman** (네덜란드) 전자기 및 약력의 양자역학적 구조 규명	**Ahmed Hassan Zewail** (이집트, 미국) 초고속 레이저 분광학 기술을 이용한 화학반응 연구	**Guanter Blobel** (독일, 미국) 단백질이 세포 안에서 단백질의 수송과 위치표시(localization)를 지배하는 고유 신호를 가진다는 것을 발견
2000	**Zhores Alferov** (러시아), **Herbert Kroemer** (독일) 고속 및 광속 장치에 사용되는 반도체 이형 구조를 개발 **Jack Kilby** (미국) 집적 회로 발명에서 공헌	**Alan Jay Heeger** (미국), **Alan Graham MacDiarmid** (미국, 뉴질랜드), **Shirakawa Hideki** (일본) 전도성 플라스틱 개발	**Arvid Carlsson** (스웨덴), **Paul Greengard, Eric Kandel** (미국) 신경계에서 신호전달에 관한 발견

2001	**Carl Edwin Wieman,** **Eric Allin Cornell** (미국), **Wolfgang Ketterle** (독일) 보스-아인슈타인 응집(BEC) 이론 실증	**William Standish Knowles** (미국), **Noyori Ryoji** (일본) 카이랄성 촉매 수소화 반응에 대한 연구 **Karl Barry Sharpless** (미국) 카이랄성 촉매 산화 반응에 대한 연구	**Leland Harrison Hartwell** (미국), **Sir Richard Timothy Hunt,** **Sir Paul Nurse** (영국) 세포분열의 핵심 조절 인자 발견
2002	**Laymond Davis Jr.** (미국), **Koshiba Masatoshi** (일본) 천체물리학에 대한 선구적 기여, 특히 우주 중성미자 검출에 선구적 공헌 **Riccardo Giacconi** (이탈리아, 미국) 우주 X선원 발견을 이끌어 낸 천체물리학에서 선구적인 공헌	**John Bennett Fenn** (미국), **Tanaka Koichi** (일본) 생물학적 거대 분자(macromolecule)의 질량 분석을 위한 연성 탈착 이온화 방법을 개발 **Kurt Wüthrich** (스위스) 용액에 있는 생물학적 고분자의 3차원 구조를 결정하기 위한 핵자기 공명 분광법 개발	**Sydney Brenner** (남아프리카공화국), **Howard Robert Horvitz** (미국), **Sir John Edward Sulston** (영국) 기관의 발생과 세포예정사 (programmed cell death)의 유전적 조절에 대한 발견

2003	**Alexei Alexeevich Abrikosov** (러시아, 미국), **Vitaly Ginzburg** (러시아), **Sir Anthony James Leggett** (영국, 미국) 초전도 및 초유체 이론에 공헌	**Peter Agre** (미국) 물 통로들(Water Channels)의 발견 **Roderick MacKinnon** (미국) 이온 통로들(Ion Channels)의 구조 및 기계론적 연구	**Paul Lauterbur** (미국), **Sir Peter Mansfield** (영국) 자기공명 단층촬영장치 개발에 기여
2004	**David Jonathan Gross,** **Hugh David Politzer,** **Frank Anthony Wilczek** (미국) 강한 핵력의 점근적 자유도 발견	**Irwin Rose** (미국), **Avram Hershko,** **Aaron Ciechanover** (이스라엘) 단백질 분해를 조절하는 세포 내 메커니즘 발견	**Richard Axel,** **Linda Buck** (미국) 후각 수용기와 후각 기관의 구조 규명

2005	**Roy Jay Glauber** (미국) 광학 일관성의 양자 이론에 공헌 **John Hall** (미국), **Theodor Wolfgang Hänsch** (독일) 광학 주파수 기법을 포함한 레이저 기반의 정밀 분광기 개발에 기여	**Yves Chauvin** (프랑스), **Robert Grubbs** (미국), **Richard Royce Schrock** (미국) 유기합성에 대한 메타텍스 방법 개발	**Barry J. Marshall,** **John Robin Warren** (호주) 헬리코박터 파일로리균 발견과 그것이 위염, 소화성 궤양증에 미치는 영향 규명
2006	**George Fitzgerald Smoot III** (미국), **John Cromwell Mather** (미국) 우주 극초단파 배경 복사의 흑체 형태와 이방성에 대한 연구	**Roger Kornberg** (미국) 유전자 정보 전사 과정 연구	**Andrew Zachary Fire,** **Craig Cameron Mello** (미국) 이중나선 RNA에 의한 RNA 간섭 발견

2007	**Albert Fert** (프랑스), **Peter Grünberg** (독일) 나노기술과 거대 자기저항 발견	**Gerhard Ertl** (독일) 표면 화학 분야에 대한 새로운 연구	**Mario Renato Capecchi** (이탈리아, 미국), **Sir Martin John Evans** (영국), **Oliver Smithies** (영국, 미국) 배아줄기세포를 이용하여 쥐 특정 유전자의 재조합을 유도하는 원리 규명
2008	**Nambu Yoichiro** (일본, 미국) 아원자 물리학의 자발적 대칭 깨짐 메커니즘 발견 **Kobayashi Makoto** , **Toshihide Maskawa** (일본) 쿼크가 3세대 이상 존재할 때 나타나는 CP 대칭 깨짐의 원리 발견	**Roger Tsien,** **Martin Lee Chalfie** (미국), ***Shimomura Osamu*** (일본) 녹색 형광 단백질인 GFP 발견과 개발	**Harald zur Hausen** (독일) 자궁경부암을 일으키는 인유두종 바이러스(HPV, *human papilloma* virus) 발견 **Françoise Barré-Sinoussi,** **Luc Montagnier** (프랑스) 인간면역결핍 바이러스(HIV, human immunodeficiency virus) 발견

2009	**Charles Kuen Kao** (미국, 영국, 홍콩) 광통신용 광섬유를 이용한 빛 전송에서 획기적인 업적 **Willard Sterling Boyle** (캐나다, 미국), **George Elwood Smith** (미국) 이미징 반도체 회로 - CCD 센서 발명	**Venkatraman Ramakrishnan** (인도, 영국, 미국), **Thomas Arthur Steitz** (미국), **Ada Yonath** (이스라엘) 리보솜의 구조와 기능에 대한 연구	**Elizabeth Blackburn** (미국,호주), **Carol Widney Greider,** **Jack William Szostak** (미국) 어떻게 염색체가 텔로미어와 효소 텔로머레이스에 의해 보호되는지 규명
2010	**Sir Andre K.Geim** (러시아, 네덜란드, 영국), **Sir Konstantin Sergeevich Novoselov** (러시아, 영국) 그래핀 연구	**Richard Frederick Heck** (미국), **Negishi Eiichi, Suzuki Akira** (일본) 팔라듐 촉매 교차 결합 연구	**Robert G. Edwards** (영국) 체외수정 기술 개발

2011	**Saul Perlmutter** (미국), **Brian Paul Schmidt** (미국, 호주), **Adam Guy Riess** (미국) 초신성 관찰을 통해 우주의 가속 팽창 연구	**Dan Shechtman** (이스라엘, 미국) 준결정 발견	**Bruce Alan Beutler** (미국), **Jules Hoffmann** (프랑스) 선천성 면역의 활성에 관한 발견 **Ralph Marvin Steinman** (캐나다) 수지상세포(dendritic cell)와 적응 면역에서의 그 역할 발견
2012	**Serge Haroche** (프랑스), **David Jeffrey Wineland** (미국) 각각 독립적으로 양자의 성질을 가진 입자를 손상시키지 않고 관측하는 방법 개발	**Brian Kent Kobilka,** **Robert Lefkowit** (미국) G 단백질 연결 수용체(GPCR) 연구	**Sir John Gurdon** (영국), **Yamanaka Shinya** (일본) 성숙한 세포가 다능성(pluripotent)을 가지도록 재프로그래밍할 수 있다는 것을 발견
2013	**François Englert** (벨기에), **Peter Ware Higgs** (영국) 힉스 입자의 존재 예측	**Martin Karplus** (오스트리아, 미국), **Michael Levitt** (미국, 영국, 이스라엘, 남아프리카공화국), **Arieh Warshel** (이스라엘, 미국) 복잡한 화학 시스템을 위한 멀티스케일 모델 개발	**James E. Rothman,** **Randy Wayne Schekman** (미국), **Thomas Christian Südhof** (독일,미국) 세포에서 주된 수송 체계인 소낭(vesicle) 수송의 조절 시스템 발견

2014	**Akasaki Isamu,** **Amano Hiroshi** (일본), **Nakamura Shuji** (일본, 미국) 청색 LED 개발	**Eric Betzig** (미국), **Stefan Walter Hell** (독일, 루마니아), **William Moerner** (미국) 초고해상도 형광 현미경 개발	**John O'Keefe** (미국, 영국), **May Britt Moser,** **Edvard Moser** (노르웨이) 뇌의 공간 인지 시스템을 구성하는 세포의 발견
2015	**Kajita Takaaki** (일본), **Arthur Bruce McDonald** (캐나다) 중성미자가 질량을 가진다는 것을 보여주는 중성미자 진동 발견	**Tomas Robert Lindahl** (스웨덴, 영국), **Paul Lawrence Modrich** (미국), **Aziz Sancar** (터키, 미국) DNA 수선 메커니즘 연구	**William Cecil Campbell** (아일랜드,미국), **Omura Satoshi** (일본) 새로운 회충 감염 치료법 발견 **Tu Youyou** (중국) 새로운 말라리아 치료법 발견

2016	**David James Thouless** (영국), **Frederick Duncan Michael Haldane** (영국, 슬로베니아), **John Michael Kosterlitz** (영국, 미국) 위상 상전이와 물질의 위상에 관한 이론적 발견	**Jean-Pierre Sauvage** (프랑스), **Sir James Fraser Stoddart** (영국, 미국), **Bernard Lucas Feringa** (네덜란드) 기계적으로 맞물린 분자 구조(MIMs)의 설계 및 합성	**Ohsumi Yoshinori** (일본) 자가포식(Autophagy)의 메커니즘 연구
2017	**Rainer Weiss** (독일, 미국), **Barry Clark Barish, Kip Stephen Thorne** (미국) LIGO 검출기 및 중력파 관찰에 결정적 기여	**Jacques Dubochet** (스위스), **Joachim Frank** (독일, 미국), **Richard Henderson** (영국) 용액 내 생체 분자의 고해상도 구조 결정을 위한 극저온-전자 현미경 개발	**Jeffrey Connor Hall, Michael Morris Rosbash, Michael Warren Young** (미국) 활동일주기(circadian rhythm)를 조절하는 분자적 메커니즘 발견

2018	**Arthur Ashkin** (미국) 레이저 물리학 분야에서 획기적인 발명 **Gérard Albert Mourou** (프랑스), **Donna Strickland** (캐나다) 고밀도, 초단축 광학 펄스 생성 방법 발명	**Frances Arnold** (미국) 효소의 유도 진화(directed evolution) 발견 **George Pearson Smith** (미국), **Sir Gregory Paul Winter** (영국) 펩타이드와 항체의 파지 제시법(phage display) 발견	**James Patrick Allison** (미국), **Honjo Tasuku** (일본) 음성적 면역 조절(negative immune regulation) 억제를 통한 암 치료법 발견
2019	**Philip James Edwin Peebles** (캐나다, 미국) 물리적 우주론에 대한 이론적 발견 **Michel Gustave Édouard Mayor,** **Didier Patrick Queloz** (스위스) 태양형 항성의 궤도를 도는 외계 행성 발견	**John Bannister Goodenough** (미국), **Michael Stanley Whittingham** (영국, 미국), **Yoshino Akira** (일본) 리튬-이온 전지 개발	**William Kaelin Jr.** (미국), **Sir Peter John Ratcliffe** (영국), **Gregg Leonard Semenza** (미국) 세포가 어떻게 산소의 가용성을 감지하고 그에 적응하는지에 대한 발견

2020	**Sir Roger Penrose** (영국) 블랙홀 형성이 일반 상대성 이론의 확실한 예측이라는 것을 발견 **Reinhard Genzel** (독일), **Andrea Mia Ghez** (미국) 우리 은하의 중심에서 초거대질량 밀집성 발견	**Emmanuelle Marie Charpentier** (프랑스), **Jennifer Anne Doudna** (미국) 유전자 편집(genome editing) 방법론 개발	**Harvey James Alter** (미국), **Sir Michael Houghton** (영국), **Charles Moen Rice** (미국) C형 간염바이러스 발견
2021	**Manabe Syukuro** (일본, 미국), **Klaus Ferdinand Hasselmann** (독일) 지구 기후의 물리학적 모델링, 변동성 정량화, 그리고 신뢰할 수 있는 지구 온난화 예측에 공헌 **Giorgio Parisi** (이탈리아) 원자에서 행성 규모에 이르는 물리학적 체계에서의 무질서와 변동의 상호작용 발견	**Benjamin List** (독일), **Sir David William Cross MacMillan** (영국, 미국) 비대칭적 유기 촉매 개발	**David Jay Julius** (미국), **Ardem Patapoutian** (레바논, 미국) 온도와 촉각에 대한 수용체 발견

2022	**Alain Aspect** (프랑스), **John Francis Clauser** (미국), **Anton Zeilinger** (오스트리아) 얽힌 광자 실험으로 벨 부등식 위배를 확립하고 양자정보과학을 개척	**Carolyn Ruth Bertozzi** (미국), **Morten Peter Meldal** (덴마크) **Karl Barry Sharpless** (미국) 클릭 화학과 생물 직교 화학 개척	**Svante Pääbo** (스웨덴) 멸종된 호미닌(Hominin)의 유전체와 인간 진화에 관한 발견
2023	**Pierre Agostini** (프랑스, 미국), **Krausz Ferenc** (헝가리, 오스트리아), **Anne Geneviève L'Huillier** (프랑스, 스웨덴) 물질의 전자역학적 연구를 위한 빛의 아토초 단위 파동을 생성하는 실험 방법 개발	**Moungi Bawendi** (프랑스, 튀니지, 미국), **Louis E. Brus** (미국), **Alexey Ekimov** (러시아, 미국) 양자점 발견 및 합성	**Katalin Karikó** (헝가리, 미국), **Drew Weissman** (미국) 코로나-19에 효과적인 mRNA 백신 개발을 가능하게 한 뉴클레오시드 염기 변형에 관한 발견

2024	**John Joseph Hopfield** (미국), **Geoffrey Everest Hinton** (영국, 캐나다) 인공신경망을 통한 머신러닝을 가능하게 하는 기초적 발견 및 발명	**David Baker** (미국) 계산적 단백질 설계 **Demis Hassabis** (영국), **John Michael Jumper** (미국) 단백질 구조 예측	**Victor Ambros** (미국), **Gary Ruvkun** (미국) 마이크로RNA와 전사(轉寫) 후 유전자 조절(gene regulation)에서의 마이크로RNA의 역할을 발견